静止卫星数据地表温度遥感反演研究

段四波　高彩霞　李召良
吴　骅　赵　伟　钱永刚　　著

科学出版社

北　京

内 容 简 介

本书是一本综合介绍静止卫星热红外数据地表温度遥感反演研究的专著，主要包含以下六个方面的内容：①与热红外遥感相关的基础理论与概念；②各国静止卫星的发展历程；③静止卫星热红外传感器交叉辐射定标；④静止卫星热红外数据比辐射率和地表温度反演方法以及产品交叉验证；⑤地表温度日变化模型的发展及模型参数的估算；⑥静止卫星数据地表组分温度反演方法。

本书既可作为从事热红外遥感研究人员和工作人员的参考书，也可作为高等院校和科研院所遥感和地理信息系统相关专业的教材。

图书在版编目（CIP）数据

静止卫星数据地表温度遥感反演研究 / 段四波等著 . —北京：科学出版社，2020. 5

ISBN 978-7-03-065052-8

Ⅰ. ①静⋯ Ⅱ. ①段⋯ Ⅲ. ①静止卫星–地面温度–红外遥感–卫星遥感–研究 Ⅳ. ①V474. 2②TP722. 5

中国版本图书馆 CIP 数据核字（2020）第 079485 号

责任编辑：张井飞 韩 鹏 / 责任校对：张小霞
责任印制：吴兆东 / 封面设计：耕者设计工作室

科 学 出 版 社 出版

北京东黄城根北街 16 号
邮政编码：100717
http://www.sciencep.com

北京建宏印刷有限公司印刷

科学出版社发行 各地新华书店经销

*

2020 年 5 月第 一 版 开本：787×1092 1/16
2025 年 2 月第三次印刷 印张：9
字数：214 000

定价：138.00 元
（如有印装质量问题，我社负责调换）

前　言

地表温度是表征地表过程变化的重要特征物理量，是研究地表与大气之间物质和能量交换、气候变化等方面不可或缺的重要参数，涉及众多基础学科研究。遥感是高时效准确获取区域或全球尺度地表温度的唯一手段。如何从遥感获取的热辐射信息中定量反演地表温度是遥感科学界公认的难题。新一代静止卫星包括中国风云四号卫星、美国 GOES-R 卫星、日本葵花（Himawari-8、Himawari-9）卫星，以及将要发射的欧洲第三代静止卫星（Meteosat Third Generation，MTG），不仅增加了光谱通道设置，而且还提高了时间分辨率、空间分辨率和辐射分辨率，为地表温度遥感反演提供了新的数据源。本书总结了作者近年来在静止卫星热红外数据地表温度遥感反演方面的研究成果，以期提高静止卫星热红外数据地表温度遥感反演精度与水平，推动热红外遥感的进一步发展。

全书共分 11 章。第一章介绍了与热红外遥感相关的基础理论与概念；第二章简要介绍了各国静止卫星的发展历程与在轨传感器；第三章阐述了静止卫星热红外传感器交叉辐射定标；第四章概述了静止卫星地表温度反演方法；第五章介绍了 MSG2/SEVIRI 地表比辐射率反演；第六章介绍了 MSG2/SEVIRI 地表温度反演；第七章阐述了 MSG2/SEVIRI 地表温度产品与 MODIS 地表温度产品交叉验证；第八章系统地对比和分析了地表温度日变化模型；第九章介绍了地表温度日变化模型的改进和发展；第十章阐述了地表温度日变化模型参数估算；第十一章介绍了静止卫星数据地表组分温度反演。

本书第一章由段四波、李召良编写；第二章由段四波、钱永刚编写；第三章由吴骅、段四波编写；第四章由高彩霞、段四波编写；第五章由高彩霞、李召良编写；第六章由高彩霞、钱永刚编写；第七章由高彩霞、段四波编写；第八章由段四波、李召良、钱永刚编写；第九章由段四波、李召良、吴骅编写；第十章由段四波、李召良编写；第十一章由赵伟、段四波编写。全书由段四波统合定稿。

于艳茹和茹晨等在对本书的文字修改和格式调整工作中付出了辛勤的劳动，其他参与研究的老师和同学也为本书的出版做出了很大的贡献，在此一并表示衷心的感谢。

由于作者水平有限，加之静止卫星热红外数据地表温度遥感反演研究一直是国际遥感科学的难点，书中难免存在不足和疏漏之处，敬请读者和同行专家批评指正。

段四波

2020 年 5 月

目　　录

第一章 热红外遥感基础

遥感数据是电磁辐射与地表相互作用的一种记录，不同地表具有不同的电磁波反射或发射辐射特性（赵英时，2003）。在定量遥感中需要对传感器接收到的辐射信息进行定量分析，不可避免地涉及电磁辐射的发射、传输过程。

第一节 基本概念

1）波长

波长指波在一个振动周期内传播的距离，即沿波的传播方向，两个相邻的同相位点间的距离，一般用 λ 表示。波长常用人们熟悉的长度单位来度量，如米（m）、厘米（cm）、毫米（mm）、微米（μm）、纳米（nm）等。对于红外辐射，波长的常用单位为微米（μm）。

2）波数

在热红外遥感中，通常用"波数"来描述波谱范围。所谓"波数"，是指在波的传播方向上单位长度内所含波长的数目，即波长的倒数（1/λ），一般用 v 表示。波数单位最常用的是厘米$^{-1}$（cm^{-1}）。若波长取微米（μm）为单位，波数取 cm^{-1} 为单位，则在数值上它们满足如下关系：

$$\lambda \cdot v = 10000 \tag{1-1}$$

3）立体角

分析辐射场常需要考虑单位立体角内的辐射能力。立体角定义为锥体所拦截的球面积 A 与半径 r 的平方之比（Liou，1985），如图 1-1 所示。它以锥的顶点为圆心，半径为 1 的球面被锥面所截的面积来度量，常用 Ω 表示，单位为 sr，表示为

$$\Omega = \frac{A}{r^2} \tag{1-2}$$

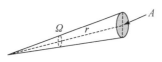

图 1-1 立体角定义

对面积为 $4\pi r^2$ 的球，所张立体角为 4π 球面度。半球面所张立体角为 2π 球面度。

在极坐标系中，常用天顶角 θ 和方位角 ϕ 代替立体角。由图 1-2 可知，微分立体角元可以表示为

$$\mathrm{d}\Omega = \frac{\mathrm{d}A}{r^2} = \frac{(r\mathrm{d}\theta)(r\sin\theta\mathrm{d}\phi)}{r^2} = \sin\theta\mathrm{d}\theta\mathrm{d}\phi = d\mu\mathrm{d}\phi \tag{1-3}$$

式中，$\mu=\cos\theta$，天顶角 θ 的取值范围为 $[0°, 180°]$；其中，$[0°, 90°)$（即 $0<\mu\leqslant1$）代表上半球，$[90°, 180°]$（即 $-1\leqslant\mu\leqslant0$）代表下半球；方位角 ϕ 取值范围为 $[0°, 360°]$。

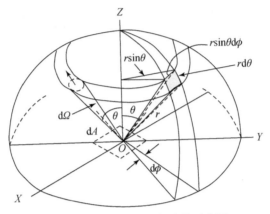

图 1-2　立体角在极坐标中的示意图

需要指出的是，遥感中的观测天顶角和传感器扫描角是不相等的，如图 1-3 所示。这两个角的转换关系可以表示为

$$\sin\theta = \frac{R+H}{R}\sin\alpha \qquad (1-4)$$

式中，R 为地球半径，$R=6378\text{km}$；H 为地球表面以上的卫星轨道高度；θ 为观测天顶角；α 为传感器扫描角。

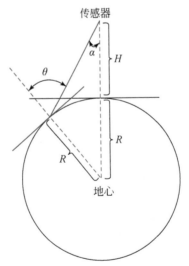

图 1-3　观测天顶角 θ 与传感器扫描角 α 的关系

第二节　电磁辐射的度量

电磁辐射源以电磁波的形式向外传递能量。遥感本质上就是对物体发射或者反射的电磁能量进行测定和分析。这个过程涉及以下一系列基本概念（赵英时，2003）。

1）辐射能量（radiant energy）

辐射能量是指以电磁波形式向外传送能量，常用 Q 表示，单位为 J。

2）辐射通量（radiant flux）

辐射通量是指在单位时间内通过某一表面的辐射能量，常用 Φ 表示，单位为 W，表示为

$$\Phi = \frac{dQ}{dt} \tag{1-5}$$

3）辐射出射度（radiant exitance）

辐射出射度是指面辐射源在单位时间内从单位面积上辐射出的辐射能量，常用 M 表示，单位为 W/m^2，表示为

$$M = \frac{d\Phi}{dA} \tag{1-6}$$

4）辐射照度（irradiance）

辐射照度是指面辐射源在单位时间内从单位面积上接收的辐射能量，常用 E 表示，单位为 W/m^2，通常简称为辐照度，表示为

$$E = \frac{d\Phi}{dA} \tag{1-7}$$

5）辐射强度（radiant intensity）

辐射强度是指点辐射源在单位立体角内发出的辐射通量，常用 I 表示，单位为 W/sr，表示为

$$I = \frac{d\Phi}{d\Omega} \tag{1-8}$$

6）辐射亮度（radiance）

辐射亮度是指面辐射源在单位投影面积上、单位立体角内的辐射通量，常用 L 表示，单位为 $W/(m^2 \cdot sr)$，通常简称为辐亮度，表示为

$$L = \frac{d^2\Phi}{d\Omega dA\cos\theta} \tag{1-9}$$

以上各辐射量均为波长的函数。在遥感中常使用到在单位波长间隔内的辐射量，如光谱辐射出射度 $M_\lambda = dM/d\lambda$ [$W/(m^2 \cdot \mu m)$]、光谱辐射亮度 $L_\lambda = dL/d\lambda$ [$W/(m^2 \cdot sr \cdot \mu m)$]，定义为相应的辐射量在单位波长上的总量。但在实际应用中，常将前面的"光谱"二字省略。

7) 辐射出射度与辐射亮度的关系

根据式（1-6）和式（1-9），辐射出射度和辐射亮度之间的关系可以表示为

$$L = \frac{d^2\Phi}{d\Omega dA\cos\theta} = \frac{dM}{d\Omega\cos\theta} \qquad (1\text{-}10)$$

辐射出射度由辐射亮度在整个半球空间的积分得到：

$$M = \int_0^{2\pi} \int_0^{\pi/2} L(\theta, \phi)\cos\theta\sin\theta d\theta d\phi \qquad (1\text{-}11)$$

从式（1-11）可以看出，辐射亮度是观测方向的函数，而辐射出射度与观测方向无关。对于朗伯体，其辐射亮度具有各向同性，即辐射亮度与方向无关，则：

$$M = L\int_0^{2\pi} \int_0^{\pi/2} \cos\theta\sin\theta d\theta d\phi = \pi L \qquad (1\text{-}12)$$

第三节　热辐射基本定律

从理论上讲，自然界中任何温度高于热力学温度 0K（−273.15℃）的物体都在不断地向外发射电磁波，即向外辐射具有一定能量和波谱分布位置的电磁波。其辐射能量的强度和波谱分布位置与物质的表面状态有关，它是物质内部组成和温度的函数。这种辐射依赖温度，因而称为热辐射（赵英时，2003）。黑体概念是理解热辐射的基础。黑体被定义为完全的吸收体和发射体，它吸收和重新发射它所接收到的所有能量。黑体辐射只取决于黑体的温度，而与黑体的物质材料无关。

1) 普朗克辐射定律（Planck's law）

对于黑体辐射源，普朗克引入量子理论，将辐射当作不连续的量子发射，成功地从理论上给出了与实验符合的黑体辐射出射度随波长的分布函数：

$$M(\lambda, T) = \frac{2\pi hc^2}{\lambda^5 \left[\exp(hc/\lambda kT) - 1\right]} = \frac{C_1}{\lambda^5 \left[\exp(C_2/\lambda T) - 1\right]} \qquad (1\text{-}13)$$

式中，$M(\lambda, T)$ 为黑体辐射出射度，单位为 $W/(m^2 \cdot \mu m)$；c 为光速，$c = 2.998 \times 10^8 m/s$；$h$ 为普朗克常数，$h = 6.6262 \times 10^{-34} J \cdot s$；$k$ 为玻尔兹曼常数，$k = 1.3806 \times 10^{-23} J/K$；$\lambda$ 为波长，单位为 μm；T 为温度，单位为 K；$C_1 = 2\pi hc^2 = 3.7418 \times 10^{-16} W \cdot m^2$；$C_2 = hc/k = 1.4388 \times 10^4 \mu m \cdot K$。

绝对黑体都服从朗伯定律，因此其光谱辐射亮度表示为

$$B(\lambda, T) = \frac{M(\lambda, T)}{\pi} = \frac{2hc^2}{\lambda^5\left[\exp(hc/\lambda kT) - 1\right]} = \frac{c_1}{\lambda^5\left[\exp(c_2/\lambda T) - 1\right]} \qquad (1\text{-}14)$$

式中，$B(\lambda, T)$ 为黑体的光谱辐射亮度，单位为 $W/(m^2 \cdot sr \cdot \mu m)$；$c_1 = 2hc^2 = 1.191 \times 10^8$ $W/(\mu m^{-4} \cdot sr \cdot m^2)$；$c_2 = hc/k = 1.4388 \times 10^4 \mu m \cdot K$。

在热红外遥感的计算中，常用波数 v 来表征黑体的辐射出射度，则普朗克辐射定律也可表示为

$$M(v, T) = \frac{2\pi hc^2 v^3}{\exp(hcv/kT) - 1} = \frac{C_1 v^3}{\exp(C_2 v/T) - 1} \qquad (1\text{-}15)$$

式中，$M(v, T)$ 的单位为 $W/(m^2 \cdot cm^{-1})$。

相应的光谱辐射亮度表示为

$$B(v, T) = \frac{M(v, T)}{\pi} = \frac{2hc^2v^3}{\exp(hcv/kT) - 1} = \frac{c_1v^3}{\exp(c_2v/T) - 1} \quad (1\text{-}16)$$

式中，$B(v, T)$ 为黑体的光谱辐射亮度，单位为 $W/(m^2 \cdot sr \cdot cm^{-1})$。

用波长表示的普朗克辐射定律与用波数表示的普朗克辐射定律之间的转换过程可以表示为

$$\int B(\lambda, T)\mathrm{d}\lambda = \int B(v, T)\mathrm{d}v \quad (1\text{-}17)$$

$$\lambda = \frac{1}{v} \quad (1\text{-}18)$$

$$\mathrm{d}\lambda = -\frac{1}{v^2}\mathrm{d}v \quad (1\text{-}19)$$

将式（1-14）和式（1-19）代入式（1-17），并在积分中忽略负号，可以得到用波长表示的普朗克辐射定律与用波数表示的普朗克辐射定律之间的转换：

$$\int R(\lambda, T)\mathrm{d}\lambda = \int \frac{C_1}{(1/v^5)\left[\exp(vC_2/T) - 1\right]}(1/v^2)\mathrm{d}v$$
$$= \int \frac{v^3 C_1}{\left[\exp(vC_2/T) - 1\right]}\mathrm{d}v = \int B(v, T)\mathrm{d}v \quad (1\text{-}20)$$

用波长表示的普朗克辐射定律的单位 $[W/(m^2 \cdot sr \cdot \mu m)]$ 与用波数表示的普朗克辐射定律的单位 $[W/(m^2 \cdot sr \cdot cm^{-1})]$ 之间的转换可以表示为

$$B(\lambda, T) = B(v, T) \times v^2 \times 10^4 \quad (1\text{-}21)$$

2）斯蒂芬-玻尔兹曼定律（Stefan-Boltzmann law）

任一物体辐射能量的大小是物体表面温度的函数。斯蒂芬-玻尔兹曼定律表征了物体的这一性质。对普朗克函数在全波段内积分，可以得到黑体的总辐射出射度与温度的定量关系：

$$M(T) = \int_0^\infty M(\lambda, T)\mathrm{d}\lambda = \int_0^\infty \frac{2\pi hc^2}{\lambda^5\left[\exp(hc/\lambda kT) - 1\right]}\mathrm{d}\lambda = \frac{2\pi^5 k^4}{15h^3 c^2}T^4 = \sigma T^4 \quad (1\text{-}22)$$

式中，σ 为斯蒂芬-玻尔兹曼常数，$\sigma = 2\pi^5 k^4/(15h^3 c^2) = 5.6697 \times 10^{-8}\ W/(m^2 \cdot K^4)$。

斯蒂芬-玻尔兹曼定律表明黑体发射的总能量与黑体绝对温度的 4 次方成正比。随着黑体的温度增加，发射的辐射能量将迅速增加。

式（1-22）以普朗克辐射定律对全波段积分得出温度的指数 $n_\lambda = 4$。但对于具体的遥感窄波段，指数 n_λ 是随着波长和物体表面温度而变化的，如在 $10 \sim 12.5\mu m$ 的大气窗口内，n_λ 的平均值约等于 4；而在 $3\mu m$ 处，其平均值约等于 13。

3）维恩位移定律（Wien's displacement law）

用普朗克辐射定律对波长求导，便可推导出维恩位移定律：

$$\frac{\partial M(\lambda, T)}{\partial \lambda} = \frac{-5C_1}{\lambda^6\left[\exp(C_2/\lambda T) - 1\right]} + \frac{C_1(C_2/\lambda T)\exp(C_2/\lambda T)}{\lambda^6\left[\exp(C_2/\lambda T) - 1\right]^2} = 0 \quad (1\text{-}23)$$

令 $x = C_2/\lambda T$

$$5(e^x - 1) - xe^x = 0 \qquad (1\text{-}24)$$

$$x = \frac{C_2}{\lambda_{max} T} = 4.96511 \qquad (1\text{-}25)$$

维恩位移定律描述了黑体辐射的峰值波长与温度的定量关系：

$$\lambda_{max} = \frac{b}{T} \qquad (1\text{-}26)$$

式中，λ_{max} 为黑体辐射的峰值波长，单位为 μm；T 为黑体的绝对温度，单位为 K；b 为常数，$b = 2897.8\mu m \cdot K$。

维恩位移定律表明，黑体最大辐射强度所对应的波长 λ_{max} 与黑体的绝对温度 T 成反比。随着黑体温度的升高，黑体辐射的峰值波长 λ_{max} 向短波方向移动。地球表层的平均温度约为 300K，根据维恩位移定律，其对应的最大辐射峰值波长约为 $9.66\mu m$；太阳的表面温度约为 6000K，其对应的最大辐射峰值波长约为 $0.48\mu m$。

4）基尔霍夫定律（Kirchhoff's law）

在热平衡状态下，在一定的温度下任何物体的辐射出射度 $M(\lambda, T)$ 与其吸收率 $\alpha(\lambda, T)$ 的比值对于该地物都是一个常数，等于该温度下同面积黑体辐射出射度 $M_b(\lambda, T)$：

$$\frac{M(\lambda, T)}{\alpha(\lambda, T)} = M_b(\lambda, T) \qquad (1\text{-}27)$$

基尔霍夫定律也表述为，在热平衡状态下，物体的吸收率等于其比辐射率：

$$\alpha(\lambda, T) = \frac{M(\lambda, T)}{M_b(\lambda, T)} = \varepsilon(\lambda, T) \qquad (1\text{-}28)$$

第四节　非黑体热辐射

黑体被定义为完全的吸收体和发射体，对各种波长的电磁辐射能的吸收系数恒等于 1，它是一个物理学上的理想体。自然界并不存在黑体，所有真实物体至少会反射少量的入射能，而不是完全的吸收体。真实物体发射电磁辐射的能力不及黑体，真实物体的辐射出射度小于同温下黑体的辐射出射度。

1）比辐射率（emissivity）

比辐射率是物体（非黑体）在温度 T、波长 λ 处的辐射出射度 $M_s(\lambda, T)$ 与同温度、同波长下的黑体辐射出射度 $M_b(\lambda, T)$ 的比值，即

$$\varepsilon(\lambda, T) = \frac{M_s(\lambda, T)}{M_b(\lambda, T)} \qquad (1\text{-}29)$$

比辐射率，又称发射率，是一个无量纲的量，取值在 0～1 之间。通常 $\varepsilon(\lambda, T)$ 受温度变化的影响很小，故 $\varepsilon(\lambda, T)$ 常记作 $\varepsilon(\lambda)$。比辐射率是物体发射能力的表征，不仅依赖于物体的组成成分，而且与物体的表面状态（表面粗糙度等）及物理性质（介电常数、含水量等）有关。

真实物体的辐射发射能力从不同的观测方向上看也有变化，可以用"方向比辐射率"

[记作 $\varepsilon(\lambda, \theta, \phi)$，$\theta$ 为观测天顶角，ϕ 为观测方位角] 来表征物体发射能力的方向性。根据基尔霍夫定律，对于不透明的物体，它的方向比辐射率和半球−方向反射率的关系可表示为

$$\varepsilon(\lambda, \theta, \phi) = 1 - \rho_b(\lambda, \theta, \phi) = 1 - \int_0^{2\pi} \int_0^{\frac{\pi}{2}} f(\lambda, \theta_i, \phi_i, \theta, \phi) \sin\theta_i \cos\theta_i \mathrm{d}\theta_i \mathrm{d}\phi_i$$

（1-30）

式中，ε 为方向比辐射率；ρ_b 为半球−方向反射率；f 为双向反射率分布函数（bidirectional reflectance distribution function，BRDF）；θ_i 和 ϕ_i 分别为入射天顶角和方位角；θ 和 ϕ 为反射天顶角和方位角。

　　根据比辐射率随波长变化的方式不同，地球表面的真实物体可分为三种类型：①接近于黑体的物体，其比辐射率接近于 1，在全谱段上接近于黑体的物体很罕见，不过有不少物质在某一特定波长范围内的比辐射率接近于 1，可近似视为该波长范围内的黑体；②灰体，其比辐射率小于 1 且与波长无关；③选择性辐射体，其比辐射率不固定，随波长变化的物体。

　　2）热力学温度（thermodynamic temperature）

　　热力学温度又称为分子运动温度，或真实温度。它表征的是物质内部分子的平均热能。可以通过把测温仪器（主要指温度计）直接放置在被测物体上或埋于被测物体中来获取物体的热力学温度。这种传统的接触测温法，往往会因测温感应元件与物体表面相接触而破坏原表面的热状态（Becker et al., 1995）。

　　3）辐射温度（radiant temperature）

　　自然界任何物体，只要其热力学温度大于绝对温度 0K（−273.15℃），就会向空间发射电磁辐射。用热遥感器（探测热红外谱区电磁辐射的装置，如辐射计、热扫描仪等）能够观测物体发射出的热辐射，进而可以推导出物体的辐射温度。热遥感器探测到的通常仅仅是物体表面很薄的一层物质的辐射，这种辐射可能标志也可能并不标志物体的内部真实温度，所以辐射温度从物理意义上仅仅标志着物体表层温度或皮肤温度（skin temperature）。

　　4）亮度温度（brightness temperature）

　　物体的亮度温度（简称亮温，用 T_b 表示）指辐射出与观测物体相等的辐射能量的黑体温度，即等效黑体温度。

$$T_b(\lambda) = B_\lambda^{-1} [\varepsilon_\lambda \cdot B_\lambda(T_s)]$$

（1-31）

式中，B^{-1} 为普朗克函数的反函数；ε_λ 为比辐射率；B 为普朗克函数；T_s 为物体真实温度。ε_λ 是总小于 1 的正数，因此实际物体的亮度温度总小于它的真实温度。物体的波谱比辐射率偏离 1 越远，则其亮度温度偏离真实温度就越大；反之，比辐射率越接近于 1，那么亮度温度就越接近于真实温度。

第五节　热辐射与地表的相互作用

　　自然界各种物体都在持续不断地发射电磁辐射，这些能量中的一部分经过直接或间接的方式入射到地球表面，入射能量将与地表物质发生复杂的相互作用。电磁辐射能量与地

表的相互作用，主要表现为三种基本的物理过程——反射、吸收、透射。根据能量守恒原理，三者具有如下关系：

$$Q_I(\lambda) = Q_A(\lambda) + Q_R(\lambda) + Q_T(\lambda) \tag{1-32}$$

式中，$Q_I(\lambda)$ 为入射能量；$Q_A(\lambda)$ 为吸收能量；$Q_R(\lambda)$ 为反射能量；$Q_T(\lambda)$ 为透射能量。

式 (1-32) 左右两边除以入射能量 $Q_I(\lambda)$，可得

$$\alpha(\lambda) + \rho(\lambda) + \tau(\lambda) = 1 \tag{1-33}$$

其中

$$\alpha(\lambda) = \frac{Q_A(\lambda)}{Q_I(\lambda)} \tag{1-34}$$

$$\rho(\lambda) = \frac{Q_R(\lambda)}{Q_I(\lambda)} \tag{1-35}$$

$$\tau(\lambda) = \frac{Q_T(\lambda)}{Q_I(\lambda)} \tag{1-36}$$

式中，$\alpha(\lambda)$、$\rho(\lambda)$、$\tau(\lambda)$ 分别为地物的吸收率、反射率、透射率。

基尔霍夫定律指出，在热平衡状态下，物体的光谱比辐射率等于它的光谱吸收率，即 $\varepsilon(\lambda) = \alpha(\lambda)$。可见，比辐射率既是物体辐射能力的度量，也是物体吸收能力的度量。虽然绝对的热平衡状态并不存在，但局地热平衡状态却是普遍存在的。经验证明，基尔霍夫定律对大多数地表条件都能适用（Salisbury et al., 1994）。因此，实践中可以用物体的光谱比辐射率来代替光谱吸收率，这样就有

$$\varepsilon(\lambda) + \rho(\lambda) + \tau(\lambda) = 1 \tag{1-37}$$

一般在热红外遥感应用中，研究目标被假定为对热辐射是不透明体，即 $\tau(\lambda) = 0$。式 (1-37) 可写为

$$\varepsilon(\lambda) + \rho(\lambda) = 1 \tag{1-38}$$

式 (1-38) 说明，在热辐射谱段，物体的反射率越高，比辐射率就越低，反之，物体的反射率越低，比辐射率则越高。例如，金属片对热辐射反射效率很高，它的比辐射率远小于 1；水在热红外谱区反射率非常低，它的比辐射率接近于 1。

第六节　热辐射传输方程

在无云条件下，把对流层以下的大气看作局地热平衡状况，假设大气是水平均一、各向同性的，不考虑大气的散射作用，则某一角度上到达大气层顶的辐射亮度可以表示为

$$
\begin{aligned}
R_i(\theta_v, \phi_v) = &\int f_i(\lambda) \varepsilon(\lambda, \theta_v, \phi_v) B(\lambda, T_s) \tau(\lambda, \theta_v, \phi_v) \mathrm{d}\lambda \\
&+ \iint f_i(\lambda) B(\lambda, T_p) \frac{\partial \tau(\lambda, \theta_v, \phi_v, p)}{\partial p} \mathrm{d}p \mathrm{d}\lambda \\
&+ \int f_i(\lambda) \iint \rho_b(\lambda, \theta', \phi', \theta_v, \phi_v) L_d(\lambda, \theta', \phi') \tau(\lambda, \theta_v, \phi_v) \cos\theta' \sin\theta' \mathrm{d}\theta' \mathrm{d}\phi' \mathrm{d}\lambda
\end{aligned}
$$

$$\tag{1-39}$$

其中

$$L_{\mathrm{d}}(\lambda, \theta', \phi') = \int B(\lambda, T_p) \frac{\partial \tau(\lambda, \theta', \phi', p)}{\partial p} \mathrm{d}p \tag{1-40}$$

式中，θ_{v} 和 ϕ_{v} 分别为观测天顶角和方位角；θ' 和 ϕ' 分别为大气下行辐射的天顶角和方位角；R_i 为传感器接收的第 i 通道的辐射亮度；f_i 为传感器第 i 通道的光谱响应函数；ε 为地表比辐射率；$B(\lambda, T)$ 为温度为 T 时的黑体辐射；T_{s} 为地表温度；τ 为大气透过率；p 为气压；T_p 为气压层 p 的温度；L_{d} 为大气下行辐射；$\rho_{\mathrm{b}}(\lambda, \theta', \phi', \theta_{\mathrm{v}}, \phi_{\mathrm{v}})$ 为二向性反射分布函数。

式（1-39）中右边第一项表示地表发射辐射经过大气衰减后到达传感器的辐射；第二项表示大气上行辐射；第三项表示大气下行辐射经过地表反射后再经过大气衰减到达传感器的辐射。

在地表朗伯体假设的条件下，式（1-39）可以简化为

$$\begin{aligned} R_i(\theta_{\mathrm{v}}, \phi_{\mathrm{v}}) = &\int f_i(\lambda)\varepsilon(\lambda)B(\lambda, T_{\mathrm{s}})\tau(\lambda, \theta_{\mathrm{v}}, \phi_{\mathrm{v}})\mathrm{d}\lambda \\ &+ \int f_i(\lambda)L_{\mathrm{atm}\uparrow}(\lambda, \theta_{\mathrm{v}}, \phi_{\mathrm{v}})\mathrm{d}\lambda \\ &+ \int f_i(\lambda)[1 - \varepsilon(\lambda)]L_{\mathrm{atm}\downarrow}(\lambda)\tau(\lambda, \theta_{\mathrm{v}}, \phi_{\mathrm{v}})\mathrm{d}\lambda \end{aligned} \tag{1-41}$$

其中

$$L_{\mathrm{atm}\uparrow}(\lambda, \theta_{\mathrm{v}}, \phi_{\mathrm{v}}) = \int B(\lambda, T_p) \frac{\partial \tau(\lambda, \theta_{\mathrm{v}}, \phi_{\mathrm{v}})}{\partial p} \mathrm{d}p \tag{1-42}$$

$$L_{\mathrm{atm}\downarrow}(\lambda) = \frac{1}{\pi} \iint L_{\mathrm{d}}(\lambda, \theta', \phi')\cos\theta'\sin\theta'\mathrm{d}\theta'\mathrm{d}\phi' \tag{1-43}$$

在遥感应用中，每次都对传感器的光谱响应函数进行积分显然是非常不方便的。一般把传感器宽通道的辐射传输方程用与单色光辐射传输方程相同的形式来表达，而对方程中的各个参量采用波段平均值来代替：

$$X_i = \frac{\int f_i(\lambda)X(\lambda)\mathrm{d}\lambda}{\int f_i(\lambda)\mathrm{d}\lambda} \tag{1-44}$$

式中，X 代表 ε、$B(T_{\mathrm{s}})$、$L_{\mathrm{atm}\uparrow}$、$L_{\mathrm{atm}\downarrow}$ 和 τ。

第二章　各国静止卫星简介

　　静止卫星是在赤道上空地球同步轨道上工作的卫星，在地球赤道上空约 35800km，与地球自转同步运行，相对地球静止，可以观测地球表面三分之一的固定区域，对同一目标地区进行持续不断的气象观测。

　　与一天提供两次全球资料的极轨卫星不同，静止卫星在其观测范围内可提供时间连续的高分辨率资料，卫星资料无国界限制，无偿接收，实现了全球共享，在天气预报、气候变化、灾害监测等方面得到了广泛的应用。因此，越来越多的国家都相继发射覆盖自己领土的静止卫星。

　　静止卫星经历半个世纪的发展，取得了举世瞩目的成就。表 2-1 列出了各国目前在轨运行的静止卫星太空位置（经度）、卫星名称、卫星发射时间、卫星状态、卫星所属机构及数据获取地址等基本信息。

表 2-1　在轨静止卫星基本情况

经度	卫星名称	卫星发射时间 （年/月/日）	卫星状态	卫星所属机构	数据获取地址
75°W	GOES-13	2006/05/24	业务运行	美国国家海洋和大气管理局	http://www.nesdis.noaa.gov/，2019/12/26
105°W	GOES-14	2009/06/27	在轨备用		
135°W	GOES-15	2010/03/08	业务运行		
75.2°W	GOES-16	2016/11/19	业务运行		
137.2°W	GOES-17	2018/03/01	业务运行		
3.4°E	Meteosat-8	2002/08/28	业务运行	欧洲气象卫星应用组织	https://www.eumetsat.int/website/home/Data/Products/Level1Data/index.html，2019/12/26
9.5°E	Meteosat-9	2005/12/21	在轨备用		
0°	Meteosat-10	2010/05/24	业务运行		
0°	Meteosat-11	2015/07/15	业务运行		
105°E	FY-2E	2004/10/19	业务运行	中国气象局	http://satellite.nsmc.org.cn/portalsite/default.aspx，2019/12/26
112°E	FY-2F	2012/01/13	业务运行		
105°E	FY-2G	2014/12/31	业务运行		
79°E	FY-2H	2018/06/05	业务运行		
99.5°E	FY-4A	2016/12/11	业务运行		
145°E	Himawari-7	2006/02/18	业务运行	日本气象厅	https://www.data.jma.go.jp/mscweb/en/index.html，2019/12/26
140.7°E	Himawari-8	2014/10/07	业务运行		
140.7°E	Himawari-9	2016/11/02	在轨备用		
128.2°E	GEO-COMS-1	2010/06/26	业务运行	韩国气象局	http://datasvc.nmsc.kma.go.kr/datasvc/html/data/listData.do
128.2°E	GEO-Kompsat-2A	2018/12/04	业务运行		

续表

经度	卫星名称	卫星发射时间（年/月/日）	卫星状态	卫星所属机构	数据获取地址
82°E	INSAT-3D	2013/07/25	启用测试	印度空间研究组织	http://satellite.imd.gov.in/，2019/12/26
74°E	INSAT-3DR	2016/09/08	业务运行		
76°E	Electro-L N1	2011/01/20	业务运行	俄罗斯联邦水文气象和环境监测局	https://www.meteorf.ru/product/info/2019/12/26
76°E	Electro-L N2	2015/12/11	业务运行		

第一节　美国静止卫星

（一）发展历程

地球静止环境卫星（Geostationary Operational Environmental Satellite，GOES）系列是美国唯一的地球同步轨道气象卫星系列。自 1975 年以来，GOES 系列共发射了 17 颗，目前在轨运行的有 GOES-13 ~ GOES-17。图 2-1 显示了 GOES 发展历程。

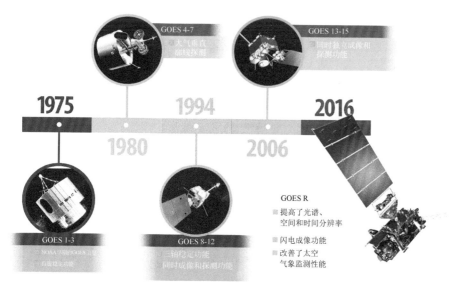

图 2-1　GOES 发展历程

（图片来源：https://www.goes-r.gov/mission/history，2019/12/26）

（1）GOES 系列的第一颗卫星 GOES-1 于 1975 年 10 月 16 日发射。第一代静止卫星共发射 7 颗，即 GOES-1 ~ GOES-7。

（2）第二代静止卫星的第一颗卫星 GOES-8 于 1994 年 4 月 13 日发射。第二代静止卫星包括 8 颗卫星，即 GOES-8 ~ GOES-15。

（3）第三代静止卫星预计共有 4 颗卫星，已经发射 GOES-16 和 GOES-17，预计将在

2021 年发射 GOES-T，以及在 2025 年发射 GOES-U。图 2-2 为 GOES-16 卫星图。

图 2-2　GOES–16 卫星图

图片来源：https：//space. skyrocket. de/doc_ sdat/goes-r. htm，2019/12/26

表 2-2 显示了美国静止卫星的发射日期和结束日期。

表 2-2　美国静止卫星的发射日期和结束日期

卫星名称	发射日期（年/月/日）	结束日期（年/月/日）
GOES-1	1975/10/16	1985/03/07
GOES-2	1977/06/16	1993/07/01
GOES-3	1978/06/16	1993/07/01
GOES-4	1980/09/09	1988/11/22
GOES-5	1981/05/22	1991/07/18
GOES-6	1983/04/28	1989/07/01
GOES-7	1987/02/26	1996/01/11
GOES-8	1994/04/13	2004/05/05
GOES-9	1995/05/23	2003/05/22
GOES-9（GMS backup）	2003/05/22	2006/07/24
GOES-10	1997/04/25	2006/12/01
GOES-10（S-America）	2006/12/01	2009/12/02
GOES-11	2000/05/03	2011/12/05
GOES-12	2001/07/23	2010/05/10
GOES-12（S-America）	2010/05/10	2013/08/16
GOES-13	2006/05/24	—
GOES-14	2009/06/27	—
GOES-15	2010/03/04	—
GOES-16	2016/11/19	—
GOES-17	2018/03/01	—

数据来源：http：//www. wmo-sat. info/oscar/satellites，2019/12/26。

(二) 传感器

（1）搭载在 GOES-1 ~ GOES-3 卫星上的传感器为可见光和红外自旋扫描辐射（Visible and Infrared Spin Scan Radiometer，VISSR）。该传感器只有 2 个波段，即 1 个可见光波段（0.55 ~ 0.75μm）和 1 个红外波段（10.5 ~ 12.6μm），其空间分辨率在可见光波段为 0.9km、在红外波段为 6.9km，时间分辨率为 30min。GOES-4 ~ GOES-7 卫星上没有搭载包含可见光–红外波段的传感器。

（2）搭载在 GOES-8 ~ GOES-15 卫星上的传感器为 IMAGER（GOES Imager）。GOES-8 ~ GOES-11 卫星上的 IMAGER 传感器具有 5 个波段，即 1 个可见光波段（0.55 ~ 0.75μm）和 4 个红外波段（3.8 ~ 4μm、6.5 ~ 7μm、10.2 ~ 11.2μm、11.5 ~ 12.4μm），其空间分辨率在可见光波段为 1km、在红外波段为 4km，时间分辨率为 30min。GOES-12 ~ GOES-15 卫星上的 IMAGER 传感器与 GOES-8 ~ GOES-11 卫星上的 IMAGER 传感器的波段设置类似，空间分辨率和时间分辨率一样。

（3）新一代静止卫星搭载了先进基线成像仪（Advanced Baseline Imager，ABI）传感器，它是扫描型辐射成像仪，具有多种扫描模式，地球全盘扫描时间为 5 ~ 15min，美国本土（3000km×5000km）扫描时间达到 5min，中尺度区域（1000km×1000km）扫描时间达到 30s。该传感器的波段设置如表 2-3 所示。图 2-3 显示了 GOES-16/ABI 传感器红外波段的光谱响应函数。

表 2-3　GOES-16/ABI 传感器的波段设置

波段序号	中心波长/μm	波宽/μm	SNR/NEΔT*	空间分辨率/km
1	0.47	0.04	300 @ 100% albedo	1
2	0.64	0.1	300 @ 100% albedo	0.5
3	0.86	0.04	300 @ 100% albedo	1
4	1.38	0.03	300 @ 100% albedo	2
5	1.61	0.06	300 @ 100% albedo	1
6	2.26	0.05	300 @ 100% albedo	2
7	3.9	0.2	0.1 K @ 300 K	2
8	6.15	0.9	0.1 K @ 300 K	2
9	7	0.4	0.1 K @ 300 K	2
10	7.4	0.2	0.1 K @ 300 K	2
11	8.5	0.4	0.1 K @ 300 K	2
12	9.7	0.2	0.1 K @ 300 K	2
13	10.3	0.5	0.1 K @ 300 K	2
14	11.2	0.8	0.1 K @ 300 K	2
15	12.3	1	0.1 K @ 300 K	2
16	13.3	0.6	0.3 K @ 300 K	2

数据来源：http://www.wmo-sat.info/oscar/satellites，2019/12/26。

*SNR/NEΔT：信噪比/噪声等效温差。

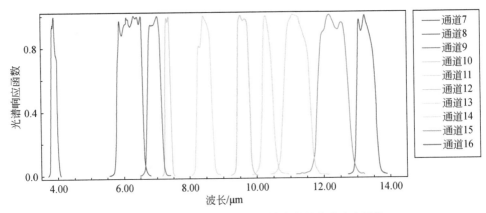

图 2-3　GOES-16/ABI 传感器红外波段的光谱响应函数

第二节　欧洲静止卫星

（一）发展历程

（1）欧洲气象卫星应用组织的第一颗静止卫星 Meteosat-1 于 1977 年 11 月 23 日发射。第一代静止卫星包括 7 颗卫星，即 Meteosat-1 ~ Meteosat-7，已经全部退役。

（2）第二代静止卫星（Meteosat Second Generation，MSG）共有 4 颗卫星，即 Meteosat-8 ~ Meteosat-11。目前仍然在轨业务运行的有 Meteosat-8、Meteosat-10 和 Meteosat-11，Meteosat-9 作为备用星在轨运行。图 2-4 为 Meteosat-8 卫星图。

图 2-4　Meteosat-8 卫星图

图片来源：https：//space. skyrocket. de/doc_ sdat/msg-1. htm，2019/12/26

（3）第三代静止卫星预计共有 6 颗卫星，包括 MTG-I1 ~ MTG-I4 以及 MTG-S1 和 MTG-S2。这 6 颗卫星预计将在 2021 ~ 2039 年内发射。

表 2-4 显示了欧洲静止卫星的发射日期和结束日期。

表 2-4　欧洲静止卫星的发射日期和结束日期

卫星名称	发射日期（年/月/日）	结束日期（年/月/日）
Meteosat-1	1977/11/23	1979/11/24
Meteosat-2	1981/06/19	1991/12/02
Meteosat-3	1988/06/15	1991/08/01
Meteosat-3 （ADC）	1991/08/01	1993/02/01
Meteosat-3 （X-ADC）	1993/02/01	1995/11/22
Meteosat-4	1989/03/06	1995/11/08
Meteosat-5	1991/03/02	1998/06/01
Meteosat-5 （IODC）	1998/06/01	2007/04/26
Meteosat-6	1993/11/20	2007/04/27
Meteosat-6 （IODC）	2007/04/27	2011/04/15
Meteosat-7	1997/09/02	2006/12/05
Meteosat-7 （IODC）	2006/12/05	2017/02/01
Meteosat-8	2002/08/28	2016/07/04
Meteosat-8 （IODC）	2016/09/15	—
Meteosat-9	2005/12/21	—
Meteosat-10	2012/07/05	—
Meteosat-11	2015/07/15	—

数据来源：http：//www.wmo-sat.info/oscar/satellites，2019/12/26。

（二）传感器

（1）搭载在 Meteosat-1 ~ Meteosat-7 卫星上的传感器为可见光与红外成像仪（Meteosat Visible Infra-Red Imager，MVIRI）。该传感器只有 3 个波段，即 1 个可见光波段（0.5 ~ 0.9μm）和 2 个红外波段（5.7 ~ 7.1μm、10.5 ~ 12.5μm），其空间分辨率在可见光波段为 2.5km、在红外波段为 5km，时间分辨率为 30min。

（2）搭载在 Meteosat-8 ~ Meteosat-11 卫星上的传感器为自旋增强可见光与红外成像仪（Spinning Enhanced Visible Infra-Red Imager，SEVIRI）。该传感器共有 12 个波段，包括 11 个窄通道（空间分辨率为 3km）和 1 个宽通道（空间分辨率为 1km），其波段设置如表 2-5 所示，时间分辨率为 30min。图 2-5 显示了 Meteosat-8/SEVIRI 传感器红外波段的光谱响应函数。

表 2-5　Meteosat-8/SEVIRI 传感器的波段设置

波段序号	中心波长/μm	光谱范围/μm	SNR/NEΔT
1	N/A （宽通道）	0.6 ~ 0.9	4.3 @ 1% albedo
2	0.635	0.56 ~ 0.71	10.1 @ 1% albedo
3	0.81	0.74 ~ 0.88	7.28 @ 1% albedo

波段序号	中心波长/μm	光谱范围/μm	SNR/NEΔT
4	1.64	1.5 ~ 1.78	3 @ 1% albedo
5	3.92	3.48 ~ 4.36	0.35 K @ 300 K
6	6.25	5.35 ~ 7.15	0.75 K @ 250 K
7	7.35	6.85 ~ 7.85	0.75 K @ 250 K
8	8.7	8.3 ~ 9.1	0.28 K @ 300 K
9	9.66	9.38 ~ 9.94	1.50 K @ 255 K
10	10.8	9.8 ~ 11.8	0.25 K @ 300 K
11	12	11 ~ 13	0.37 K @ 300 K
12	13.4	12.4 ~ 14.4	1.80 K @ 270 K

数据来源：http：//www.wmo-sat.info/oscar/satellites，2019/12/26。

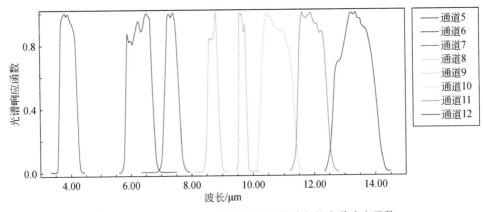

图 2-5　Meteosat-8/SEVIRI 传感器红外波段的光谱响应函数

（3）第三代静止卫星 Meteosat 继第二代之后，将提供新的成像仪以及更先进的红外和紫外光谱测量服务。第三代卫星的柔性组合成像仪（Flexible Combined Imager，FCI）在一定程度上继承了 SEVIRI 的性质，但其光谱通道数量增加，并且在空间分辨率、时间分辨率和辐射分辨率上都得到了优化，其波段设置如表 2-6 所示。

表 2-6　MTG-I1/FCI 传感器的波段设置

波段序号	中心波长/μm	波宽/μm	SNR/NEΔT	空间分辨率/km
1	0.444	0.06	25@1% albedo	1
2	0.51	0.04	25@1% albedo	1
3	0.64	0.05	30@1% albedo	1（在高分辨率模式下为0.5）
4	0.865	0.05	21@1% albedo	1
5	0.914	0.02	12@1% albedo	1
6	1.38	0.03	40@1% albedo	1
7	1.61	0.05	30@1% albedo	1

续表

波段序号	中心波长/μm	波宽/μm	SNR/NEΔT	空间分辨率/km
8	2.25	0.05	25@1% albedo	1（在高分辨率模式下为0.5）
9	3.8	0.4	0.1 K@ 300 K	2（在高分辨率模式下为1）
10	6.3	1	0.3 K@ 250 K	2
11	7.35	0.5	0.3 K@ 250 K	2
12	8.7	0.4	0.1 K@ 300 K	2
13	9.66	0.3	0.3 K@ 250 K	2
14	10.2	0.7	0.1 K@ 300 K	2（在高分辨率模式下为1）
15	12.3	0.5	0.2 K@ 300 K	2
16	13.3	0.6	0.2 K@ 270 K	2

数据来源：http：//www.wmo-sat.info/oscar/satellites，2019/12/26。

第三节　中国静止卫星

（一）发展历程

从20世纪80年代中国开始研制静止卫星，第一代静止卫星命名为风云二号（FY-2）。我国第一颗静止卫星FY-2A于1997年6月10日利用长征三号运载火箭在西昌卫星发射中心发射成功，从此开始了我国静止卫星在轨运行的时代。图2-6显示了风云静止卫星发展规划。

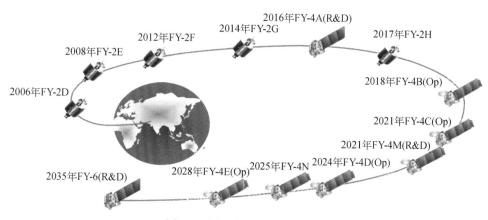

图2-6　风云静止卫星发展规划

图片来源：http：//fy4.nsmc.org.cn/portal/cn/theme/FY4A_intro.html#mission，2019/12/26。

（1）中国第一代静止卫星风云二号系列分为三个批次：01批卫星包括FY-2A和FY-2B两颗卫星，属于试验型静止卫星；02批有FY-2C、FY-2D和FY-2E 3颗卫星，为业务型静止卫星；03批有FY-2F、FY-2G和FY-2H 3颗卫星，卫星性能在02批卫星的基础上有适当改进。其中FY-2A、FY-2B、FY-2C、FY-2D和FY-2E 5颗卫星已停止工作。目前在轨运行，并提供应用服务的是风云二号FY-2F、FY-2G和FY-2H 3颗卫星。

（2）中国第二代静止卫星 FY-4A 于 2016 年 12 月 10 日发射。第二代静止卫星预计包括 7 颗卫星，即 FY-4A ~ FY-4G。其中，FY-4A 已经成功发射并投入使用。根据我国气象卫星发展规划，到 2021 年左右，将发射两颗同属光学系列的风云四号静止卫星，逐步替代在轨的风云二号系列卫星，形成"双星在轨，互为备份"的运行格局。此外，在 2025 年前，计划发射风云四号微波探测卫星，并与在轨的风云四号光学卫星协同使用，在国际上率先形成探测手段齐全的高轨气象卫星体系。图 2-7 为 FY-4A 卫星图。

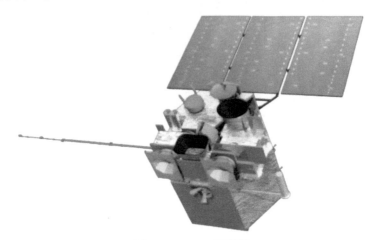

图 2-7　FY-4A 卫星图

图片来源：http://fy4.nsmc.org.cn/portal/cn/theme/FY4A_intro.html，2019/12/26

表 2-7 为中国静止卫星的发射日期和结束日期。

表 2-7　中国静止卫星的发射日期和结束日期

卫星名称	发射日期（年/月/日）	结束日期（年/月/日）
FY-2A	1997/06/10	1998/04/08
FY-2B	2000/06/25	2004/09/00
FY-2C	2004/10/19	2009/11/23
FY-2D	2006/12/08	2015/07/00
FY-2E	2008/12/23	2018/12/31
FY-2F	2012/01/13	—
FY-2G	2014/12/31	—
FY-2H	2018/06/05	—
FY-4A	2016/12/10	—

数据来源：http://www.wmo-sat.info/oscar/satellites，2019/12/26。

（二）传感器

（1）搭载在 FY-2A ~ FY-2H 卫星上的传感器为 S-VISSR（Stretched Visible and Infrared Spin Scan Radiometer）。FY-2A、FY-2B 卫星上的 S-VISSR 传感器只有 3 个波段，即 1 个可见光波段（0.55 ~ 1.05μm）和 2 个红外波段（6.3 ~ 7.6μm、10.5 ~ 12.5μm），其空间分

辨率在可见光波段为1.44km、在红外波段为5.76km，时间分辨率为30min。FY-2C～FY-2E卫星上的S-VISSR传感器的波段增加到5个，即1个可见光波段（0.55～0.99μm）和4个红外波段（3.5～4μm、6.3～7.6μm、10.3～11.3μm、11.5～12.5μm），其空间分辨率在可见光波段为1.25km、在红外波段为5km，时间分辨率为30min。FY-2F～FY-2H卫星上的S-VISSR传感器与FY-2C～FY-2E卫星上的S-VISSR传感器的波段设置类似，空间分辨率和时间分辨率一样。

（2）搭载在FY-4A卫星上的传感器为AGRI（Advanced Geostationary Radiation Imager）。该传感器具有14个波段，在风云二号观测云、水汽、植被、地表的基础上，还具备了捕捉气溶胶、雪的能力，并且能清晰区分云的不同相态和高、中层水汽。相比于风云二号单一可见光通道的限制，风云四号首次制作出彩色卫星云图，最快1min生成一次区域观测图像。该传感器的波段设置如表2-8所示。图2-8显示了FY-4A/AGRI传感器红外波段的光谱响应函数。

表2-8 FY-4A/AGRI传感器的波段设置

波段序号	中心波长/μm	光谱范围/μm	SNR/NEΔT	空间分辨率/km
1	0.47	0.45～0.49	200 @ 100% albedo	1
2	0.65	0.55～0.75	200 @ 100% albedo	0.5
3	0.825	0.75～0.9	200 @ 100% albedo	1
4	1.375	1.36～1.39	200 @ 100% albedo	2
5	1.61	1.58～1.64	200 @ 100% albedo	2
6	2.25	2.1～2.35	200 @ 100% albedo	2
7	3.75	3.5～4	0.7 K @ 300 K	2
8	3.75	3.5～4	0.2 K @ 300 K	4
9	6.25	5.8～6.7	0.3 K @ 260 K	4
10	7.1	6.9～7.3	0.3 K @ 260 K	4
11	8.5	8～9	0.2 K @ 300 K	4
12	10.7	10.3～11.1	0.2 K @ 300 K	4
13	12	11.5～12.5	0.2 K @ 300 K	4
14	13.5	13.2～13.8	0.5 K @ 300 K	4

数据来源：http://www.wmo-sat.info/oscar/satellites，2019/12/26。

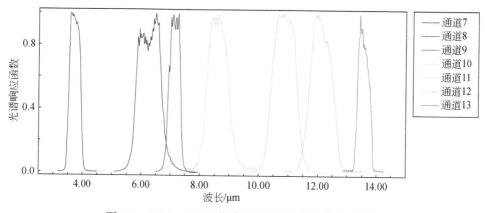

图2-8 FY-4A/AGRI传感器红外波段的光谱响应函数

第四节　日本静止卫星

（一）发展历程

Himawari 系列卫星是日本的静止卫星系列，主要覆盖西太平洋和东亚地区。截至 2019 年底，日本一共发射了 9 颗静止卫星，在轨运行的是 Himawari-8 和 Himawari-9。

（1）日本第一颗静止卫星 GMS-1，于 1977 年 7 月 14 日发射。第一代静止卫星包括 5 颗卫星，即 GMS-1～GMS-5，也被命名为 Himawari-1～Himawari-5。

（2）第二代静止卫星为多功能运输卫星（Multifunction Transport Satellite，MTSAT）系列，包括 2 颗卫星，即 MTSAT-1R 和 MTSAT-2，也被命名为 Himawari-6 和 Himawari-7。

（3）第三代静止卫星已发射了 Himawari-8 和 Himawari-9 两颗卫星。图 2-9 为 Himawari-8 卫星图。

图 2-9　Himawari-8 卫星图

图片来源：http://www.data.jma.go.jp/mscweb/en/operation8/status/satellite.html，2019/12/26

表 2-9 为日本静止卫星的发射日期和结束日期。

表 2-9　日本静止卫星的发射日期和结束日期

卫星名称	发射日期（年/月/日）	结束日期（年/月/日）
Himawari-1	1977/07/14	1989/06/30
Himawari-2	1981/08/11	1987/11/20
Himawari-3	1984/08/03	1995/06/22
Himawari-4	1989/09/06	2000/02/24
Himawari-5	1995/03/18	2003/05/22
Himawari-6	2005/02/26	2015/12/04

卫星名称	发射日期（年/月/日）	结束日期（年/月/日）
Himawari-7	2006/02/18	2016/05/10
Himawari-8	2014/10/07	—
Himawari-9	2016/11/02	—

数据来源：http：//www.wmo-sat.info/oscar/satellites，2019/12/26。

（二）传感器

（1）搭载在 Himawari-1 ~ Himawari-5 卫星上的传感器为可见光和红外自旋扫描辐射仪（Visible and Infrared Spin Scan Radiometer，VISSR）。Himawari-1 ~ Himawari-4 卫星上的 VISSR 传感器只有 2 个波段，即 1 个可见光波段（0.5 ~ 0.75μm）和 1 个红外波段（10.5 ~ 12.5μm）。Himawari-5 卫星上的 VISSR 传感器的波段增加到 4 个，即 1 个可见光波段（0.55 ~ 0.9μm）和 3 个红外波段（6.5 ~ 7μm、10.5 ~ 11.5μm、11.5 ~ 12.5μm）。所有 VISSR 传感器的空间分辨率在可见光波段为 1.25km，在红外波段为 5km，时间分辨率为 30min。

（2）搭载在 Himawari-6 卫星上的传感器为日本先进气象成像仪（Japanese Advanced Meteorological Imager，JAMI）。该传感器具有 5 个波段，即 1 个可见光波段（0.55 ~ 0.9μm）和 4 个红外波段（3.5 ~ 4μm、6.5 ~ 7μm、10.3 ~ 11.3μm、11.5 ~ 12.5μm），其空间分辨率在可见光波段为 1km，在红外波段为 4km，时间分辨率为 30min。搭载在 Himawari-7 卫星上的传感器为 IMAGER（MTSAT-2 Imager）。该传感器具有 5 个波段，其波段设置、空间分辨率和时间分辨率与 JAMI 的设置类似。

（3）新一代静止卫星 Himawari-8 和 Himawari-9 搭载的先进的葵花成像仪（Advanced Himawari Imager，AHI）传感器与美国 GOES-R 卫星搭载的先进的基线成像仪（Advanced Baseline Imager，ABI）传感器类似。AHI 传感器相比 IMAGER 传感器大有改进，可提供更好的临近预报、环境监测和更高精度的数字天气预报。AHI 传感器正常扫描获得全圆盘图的时间小于 10min，也可在选定的时间对特定区域进行扫描，每 2.5min 获得一幅区域图像。该传感器在轨工作寿命预期 8 年，其波段设置如表 2-10 所示。图 2-10 显示了 Himawari-8/AHI 传感器红外波段的光谱响应函数。

表 2-10　Himawari-8/AHI 传感器的波段设置

波段序号	中心波长/μm	波宽/μm	SNR/NEΔT	空间分辨率/km
1	0.455	0.05	≥ 300 @ 100% albedo	1
2	0.51	0.02	≥ 300 @ 100% albedo	1
3	0.645	0.03	≥ 300 @ 100% albedo	0.5
4	0.86	0.02	≥ 300 @ 100% albedo	1
5	0.161	0.02	≥ 300 @ 100% albedo	2
6	0.226	0.02	≥ 300 @ 100% albedo	2
7	3.85	0.22	≤ 0.16 @ 300 K	2

续表

波段序号	中心波长/μm	波宽/μm	SNR/NEΔT	空间分辨率/km
8	6.25	0.37	≤ 0.40 @ 240 K	2
9	6.95	0.12	≤ 0.10 @ 300 K	2
10	7.35	0.17	≤ 0.32 @ 240 K	2
11	8.6	0.32	≤ 0.10 @ 300 K	2
12	9.63	0.18	≤ 0.10 @ 300 K	2
13	10.45	0.3	≤ 0.10 @ 300 K	2
14	11.2	0.2	≤ 0.10 @ 300 K	2
15	12.35	0.3	≤ 0.10 @ 300 K	2
16	13.3	0.2	≤ 0.30 @ 300 K	2

数据来源：http：//www.wmo-sat.info/oscar/satellites，2019/12/26。

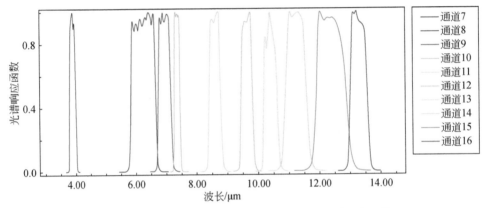

图 2-10　Himawari-8/AHI 传感器红外波段的光谱响应函数

第五节　印度静止卫星

（一）发展历程

（1）印度国家卫星系统（Indian National Satellite System，INSAT）是印度空间研究组织发射的一系列多用途地球静止轨道通信卫星。第一颗静止卫星 INSAT-1A 于 1982 年 4 月发射。第一代静止卫星 INSAT-1 共有 4 颗，分别为 INSAT-1A、INSAT-1B、INSAT-1C 和 INSAT-1D。2002 年 5 月 14 日，INSAT-1 系列已经全部停止使用。

（2）第二代静止卫星 INSAT-2 共有 5 颗，分别为 INSAT-2A ~ INSAT-2E。INSAT-2 系列的第一颗卫星 INSAT-2A 于 1992 年 7 月 10 日发射。2012 年 4 月 15 日，INSAT-2 系列已经全部停止使用。

（3）第三代静止卫星 INSAT-3 共有 6 颗，分别为 INSAT-3A ~ INSAT-3D 以及 INSAT-3DR 和 INSAT-3DS。2016 年 9 月 10 日至今，INSAT-3 系列在轨运行的业务卫星为 INSAT-3D 和 INSAT-3DR 两颗，图 2-11 为 INSAT-3DR 卫星图。

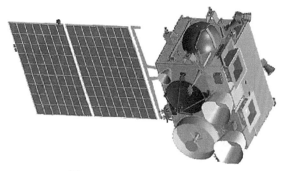

图 2-11 INSAT-3DR 卫星图

图片来源：https：//space. skyrocket. de/doc_ sdat/insat-3dr. htm，2019/12/26

表 2-11 为印度静止卫星的发射日期和结束日期。

表 2-11 印度静止卫星的发射日期和结束日期

卫星名称	发射日期（年/月/日）	结束日期（年/月/日）
INSAT-1A	1982/04/10	1982/09/06
INSAT-1B	1983/08/30	1993/07/15
INSAT-1C	1988/07/22	1989/11/22
INSAT-1D	1990/06/12	2002/05/14
INSAT-2A	1992/07/10	2002/05/30
INSAT-2B	1993/07/23	2004/07/01
INSAT-2C	1995/12/07	2002/04/15
INSAT-2D	1997/06/04	1997/10/04
INSAT-2E	1999/04/03	2012/04/15
INSAT-3A	2003/04/10	2016/09/10
INSAT-3B	2000/03/22	2010/11/02
INSAT-3C	2002/01/24	——
INSAT-3D	2013/07/25	——
INSAT-3DR	2016/09/08	——

数据来源：http：//www. wmo-sat. info/oscar/satellites，2019/12/26。

（二）传感器

（1）印度第一代、第二代静止卫星以及 INSAT-3A 均采用甚高分辨率辐射仪（Very High Resolution Radiometer，VHRR）。该传感器只有 3 个波段，即 1 个可见光波段（0.55 ~ 0.75μm）和 2 个红外波段（5.7 ~ 7.1μm、10.5 ~ 12.5μm），其空间分辨率在可见光波段为 2km，在红外波段为 8km。INSAT-2E 的时间分辨率为 3 h，INSAT-3A 的时间分辨率为 1h。

（2）搭载在 INSAT-3D、INSAT-3DR 和 INSAT-3DS 卫星上的传感器为 IMAGER。该传感器的波段设置如表 2-12 所示，其空间分辨率在可见光波段为 1km，在红外波段为 4km，时间分辨率为 30min。图 2-12 显示了 INSAT-3D/IMAGER 传感器红外波段的光谱响应函数。

表 2-12　INSAT-3D/IMAGER 传感器的波段设置

波段序号	中心波长/μm	光谱范围/μm	SNR/NEΔT
1	0.65	0.55 ~ 0.75	900 @ 100% albedo
2	1.625	1.55 ~ 1.7	200 @ 100% albedo
3	3.82	3.7 ~ 3.95	0.5 K @ 300 K
4	6.8	6.5 ~ 7.1	0.25 K @ 300 K
5	10.8	10.3 ~ 11.3	0.26 K @ 300 K
6	12	11.5 ~ 12.5	0.28 K @ 300 K

数据来源：http：//www.wmo-sat.info/oscar/satellites，2019/12/26。

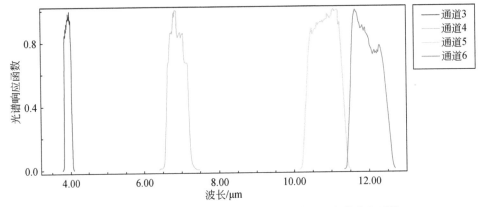

图 2-12　INSAT-3D/IMAGER 传感器红外波段的光谱响应函数

第六节　韩国静止卫星

(一) 发展历程

（1）韩国通信、海洋和气象卫星（Communication, Oceanography and Meteorology Satellite, COMS）是韩国通信、海洋监测和气象观测多功能卫星，又被称为"千里眼"。COMS 于 2010 年 6 月 26 日发射，2011 年 4 月 1 日投入业务运行，定位于 128.2° E。图 2-13 为 COMS 卫星图。

（2）韩国多用途卫星 GEO-KOMPSAT-2（Geostationary Korea Multi-Purpose Satellite-2）由 1 对卫星组成：一个是气象卫星——GEO-KOMPSAT-2A；另一个是海洋环境卫星——GEO-KOMPSAT-2B。其中，GEO-KOMPSAT-2A 于 2018 年 12 月 4 日发射升空，GEO-KOMPSAT-2B 于 2020 年 2 月 19 日发射升空。图 2-14 为 GEO-KOMPSAT-2A 卫星图。

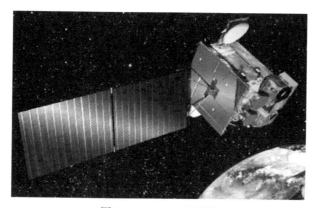

图 2-13　COMS 卫星图

图片来源：https：//space. skyrocket. de/doc_ sdat/coms. htm，2019/12/26

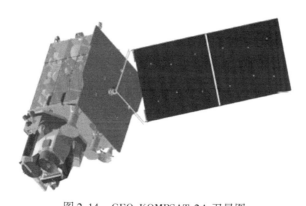

图 2-14　GEO-KOMPSAT-2A 卫星图

图片来源：https：//space. skyrocket. de/doc_ sdat/geo-kompsat-2a. htm，2019/12/26

（二）传感器

（1）搭载在 COMS 卫星上的传感器为气象成像仪（Meteorological Imager，MI）。该传感器具有 5 个波段，空间分辨率在可见光波段为 1km，在红外波段为 4km，时间分辨率为 27min。具体的波段设置如表 2-13 所示。图 2-15 为 COMS/MI 传感器红外波段的光谱响应函数。

表 2-13　COMS/MI 传感器的波段设置

波段序号	中心波长/μm	光谱范围/μm	SNR/NEΔT
1	0.675	0.55～0.8	10 @ 5% albedo, 170 @ 100% albedo
2	3.75	3.5～4	0.10 K @ 300 K
3	6.75	6.5～7	0.12 K @ 300 K
4	10.8	10.3～11.3	0.12 K @ 300 K
5	12	11.5～12.5	0.20 K @ 300 K

数据来源：http：//www. wmo-sat. info/oscar/satellites，2019/12/26。

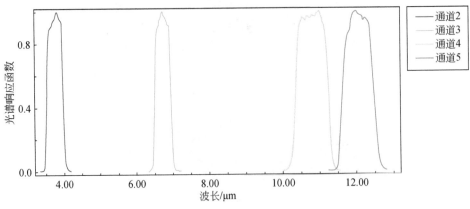

图 2-15 COMS/MI 传感器红外波段的光谱响应函数

（2）搭载在 GEO-KOMPSAT-2A 卫星上的传感器为先进的气象成像仪（Advanced Meteorological Imager，AMI）。该传感器的时间分辨率小于 10min，其波段设置如表 2-14 所示。图 2-16 显示了 GEO-KOMPSAT-2A/AMI 传感器红外波段的光谱响应函数。

表 2-14 GEO-KOMPSAT-2A/AMI 传感器的波段设置

波段序号	中心波长/μm	带宽/μm	SNR/NEΔT	空间分辨率/km
1	0.47	0.041	250 @ 100% albedo	1
2	0.509	0.029	250 @ 100% albedo	1
3	0.639	0.081	120 @ 100% albedo	0.5
4	0.863	0.034	210 @ 100% albedo	1
5	1.37	0.015	300 @ 100% albedo	2
6	1.61	0.041	300 @ 100% albedo	2
7	3.83	0.19	0.20 K @ 300 K	2
8	6.21	0.84	0.40 K @ 240 K	2
9	6.94	0.4	0.37 K @ 240 K	2
10	7.33	0.18	0.35 K @ 240 K	2
11	8.59	0.35	0.10 K @ 300 K	2
12	9.62	0.38	0.35 K @ 240 K	2
13	10.35	0.47	0.20 K @ 300 K	2
14	11.23	0.66	0.10 K @ 300 K	2
15	12.36	1.11	0.20 K @ 300 K	2
16	13.29	0.57	0.30 K @ 300 K	2

数据来源：http://www.wmo-sat.info/oscar/satellites，2019/12/26。

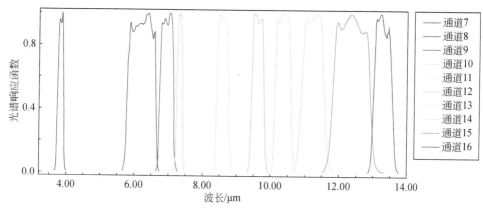

图 2-16 GEO-KOMPSAT-2A/AMI 传感器红外波段的光谱响应函数

第七节 俄罗斯静止卫星

(一) 发展历程

(1) 俄罗斯第一颗静止卫星 Electro-GOMS 于 1994 年 10 月 31 日发射成功，发射后姿态控制出现故障，采用补救措施后大体能正常工作。遗憾的是扫描辐射器可见光通道因光学设计错误一直未能获得图像，水汽通道也在试验之中。因此，只能获得红外图像。

(2) 第二代静止卫星 Electro-L 是俄罗斯联邦航天局开发的静止卫星系列。第一颗卫星 Electro-L N1 于 2011 年 1 月 20 日发射。该系列共有 5 颗卫星，分别为 Electro-L N1 ～ Electro-L N5。其中，Electro-L N1 和 Electro-L N2 已经发射。图 2-17 为 Electro-L N2 卫星图。

(3) 第三代静止卫星 Electro-M 系列预计将于 2020 ～ 2030 年内发射。

图 2-17 Electro-L N2 卫星图

图片来源：https：//space. skyrocket. de/doc_ sdat/elektro-l. htm，2019/12/26

（二）传感器

搭载在 Elektro-L N1 ~ Elektro-L N5 卫星上的传感器为对地静止多光谱扫描仪（Multispectral Scanner-Geostationary，MSU-GS）。该传感器的空间分辨率在可见光近红外波段为1km，在红外波段为4km，时间分辨率为15~30min，其波段设置如表2-15所示。

表 2-15　Elektro-L N2/MSU-GS 传感器的波段设置

波段序号	中心波长/μm	光谱范围/μm	SNR/NEΔT
1	0.57	0.5~0.65	500 @ 100% albedo
2	0.72	0.65~0.8	500 @ 100% albedo
3	0.86	0.8~0.9	500 @ 100% albedo
4	3.75	3.5~4	0.23 K @ 300 K
5	6.35	5.7~7	0.11 K @ 300 K
6	8	7.5~8.5	0.08 K @ 300 K
7	8.7	8.2~9.2	0.25 K @ 300 K
8	9.7	9.2~10.2	0.20 K @ 300 K
9	10.7	10.2~11.2	0.17 K @ 300 K
10	11.7	11.2~12.5	0.17 K @ 300 K

数据来源：http://www.wmo-sat.info/oscar/satellites，2019/12/26。

第三章　静止卫星热红外传感器
交叉辐射定标

在轨运行的热红外传感器由不同的国家在不同的时期研制，因此传感器仪器性能以及衰减程度的差异导致了观测辐射具有较大的不确定性。倘若未考虑交叉辐射定标，直接利用卫星组网技术开展地表温度和发射率产品的生产，势必会由于数据自身质量的问题而降低产品的生产精度。本章将突破多源卫星遥感数据的时间、空间和观测角度的快速匹配技术，利用高光谱卷积法在热红外交叉辐射定标中的优势，消除光谱范围以及传感器通道响应的差异对交叉辐射定标的影响，建立查找表以加快获取匹配观测数据，通过多源卫星遥感数据的时间、空间和观测角度的快速匹配，建立静止卫星热红外数据在轨交叉辐射定标方法，为卫星组网的地表温度和发射率的遥感反演提供高质量的数据源。

第一节　交叉辐射定标方法概述

（一）交叉辐射定标方法

交叉辐射定标是建立一个传感器特定通道的输出与另一个或多个传感器在其他通道的输出之间的关系，并把经过精确定标的传感器的定标参数传递给其他传感器，以确保待定标传感器能够正确地反映出实际观测情况（Asem et al.，1987；Butler and Barnes，1998）。

20世纪80年代初，随着全球变化研究计划的需要和遥感应用日趋定量化，全球资源和环境变化的遥感监测以及多光谱、多时相和多种卫星遥感器遥感数据的综合应用与定量分析技术的发展，对卫星遥感器的高精度辐射定标提出了迫切的需要。目前在轨辐射定标方法包括星上定标、场地替代辐射定标以及交叉定标。星上定标又称为在轨定标或飞行定标，是被广泛应用于各种卫星的一种辐射定标技术。近年来，星上定标越来越受到重视，如搭载在Terra卫星上的MODIS、MISR、CERES传感器均设有星上定标系统。但是受到卫星载荷、空间、能耗、技术等诸多因素的影响，星上定标技术的应用受到一定程度的限制。20世纪70年代末至80年代初，以美国亚利桑那大学光学科学中心Slater教授为代表的一批科学家提出了场地替代辐射定标法。据美国、法国公布的资料，场地替代辐射定标方法已成功地应用于Landsat-4、5/TM，SPOT/HRV，NOAA9、10、11/AVHRR，Nimbus 7/CZCS及GOES-7/VISSR等；我国的CBERS-02B卫星也采用此方法在敦煌地区对CCD/HR传感器定期进行场地替代定标。但是场地替代定标法对场地及测量过程具有较严格的要求。场地的选择一般要经过严格的评价，如场地的双向反射分布函数（bidirectional reflectance distribution function，BRDF）特性等；而且场地替代定标需要大量的同步测量数据，并且每次测量所需的人力、仪器及资金的投入都很高，因此它所能提供的定标数据非常有限。

目前，国际上新近发展了一种无场地定标技术，即交叉定标。交叉定标是当待定标的在轨卫星遥感器与定标结果较好的卫星遥感器（一般为具有星上定标系统的卫星遥感器）在观测同一目标区域时，可以通过对比二者的测量值，来实现对待定标卫星遥感器的标定。与场地替代定标技术相比，它无须建立地面校正场，就可进行多遥感器卫星数据之间的标定。它的优点是定标成本较低，可以实现高频次、多遥感器间的辐射定标。近年来，国内外科学家使用该技术对各种遥感器进行了标定。常用的交叉辐射定标方法有光线匹配法（Teillet et al., 2001；Heidinger et al., 2002；Doelling et al., 2004）、辐射传输法（Asem et al., 1987；Liu et al., 2004；Vermote and Saleous, 2006）和高光谱卷积法（Gunshor et al., 2004, 2007；Jiang et al., 2009）。传感器通道的光谱中心位置、光谱范围和通道响应函数都存在差异，这就导致了这三种交叉辐射定标方法具有不同的优缺点。

光线匹配法通过直接对不同传感器获取到的相同时间、相同地点和相同角度的观测数据进行比对来实现交叉辐射定标，方法简便，原理清晰，但是该方法不能顾及通道之间的光谱差异。如果通道之间的光谱差异过大，可能导致不可接受的误差。辐射传输法通过利用辐射传输模型构建出一套待定标传感器和参考传感器星上直接观测的数据集，通过分析这些配套数据集之间的关系，消除光谱差异引起的交叉定标误差。但是辐射传输法过于复杂，在模拟过程中容易受辐射传输计算或模拟精度的影响，而且模拟过程需要考虑大气和地表的各种情况，因此需要大量的计算。此外，数据模拟过程中无法有效考虑云的影响，因此该方法在定标过程中需要剔除云的干扰。高光谱卷积法不仅拥有光线匹配法和辐射传输法的优点，而且还避免了它们的缺点。高光谱卷积法既能够考虑传感器光谱范围和通道响应函数对交叉辐射定标的影响，而且还无须剔除云的干扰，因此可以被认为是最佳的交叉辐射定标方法。无论是光线匹配法、辐射传输法还是高光谱卷积法，交叉辐射定标都需要寻找时间、地点和观测角度相匹配的传感器观测数据。目前通过遍历的方式逐像素比较来获取匹配的观测数据非常耗时耗力，不利于开展快速交叉辐射定标，因此需要进一步探讨多源卫星遥感数据的时间、空间和观测角度的快速匹配技术，消除光谱范围以及传感器通道响应的差异，实现热红外数据的交叉辐射定标。

（二）GSICS 交叉辐射定标方法

2005 年世界气象组织和气象卫星协调组织发起国际计划"全球天基交叉定标系统"（Global Space-based Inter-Calibration System, GSICS），该系统主要任务就是交叉辐射定标目前在轨运行的各传感器，将它们统一到某一参考标准上，确保不同卫星部门管理的不同传感器在不同时间和位置进行的卫星观测具有可比性，最终保证能够制作出全球统一的环境监测产品（如地表温度产品）。

作为目前国际唯一业务化运行的交叉辐射定标系统，GSICS 选择高精度的高光谱红外传感器作为参考基准，如搭载在 Aqua 卫星的大气红外探测仪（Atmospheric Infrared Sounder, AIRS）和搭载在 Metop 卫星的红外探测大气干涉仪（Infrared Atmospheric Sounding Interferometer, IASI），通过时空匹配等手段，为待定标传感器进行交叉辐射定标（下文 REF 表示基准传感器，MON 表示待定标传感器）。GSICS 交叉辐射定标技术代表了目前国际上交叉辐射定标的最高水平，GSICS 的交叉辐射定标流程图如图 3-1 所示。

在 GSICS 交叉辐射定标获取定标系数的过程中，主要分为如下 5 个关键步骤：构建辐

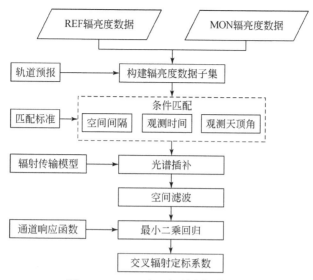

图 3-1　GSICS 交叉辐射定标流程图

亮度数据子集；条件匹配；光谱插补；空间滤波；最小二乘回归。

构建辐亮度数据子集：通过轨道预报获取到 REF 的星下点中心坐标（G），同时也获取到 MON 的星下点中心坐标（P）。假设地球近似为椭球，根据 G 点和 P 点的坐标估算角距离 GP_{angDist}（REF 同时观测 G 点和 P 点所形成的夹角角度），通过设置角距离的阈值 $\text{Threshold}_{\text{AD}}$，如小于 MON 的扫描角（通常可设为 53°~55°），获取到满足构建条件的辐亮度数据子集，即

$$GP_{\text{angDist}} < 53° \tag{3-1}$$

由于对数据首先进行了部分筛选，进而能够在一定程度上提高后续交叉辐射定标逐像素遍历搜索匹配数据的速度。

条件匹配：对形成的数据子集再进行逐像素的条件匹配，主要包括空间间隔距离 d 检验、观测时间 t 差值检验和传感器观测天顶角（view zenith angle，VZA）差值检验三部分的条件检验。

空间间隔距离 d 需满足：

$$|d| < \frac{1}{2}\text{Resolution}_{\text{MON}} \tag{3-2}$$

式中，d 为通过像元的经纬度坐标估算的间隔距离；$\text{Resolution}_{\text{MON}}$ 为 MON 星下点的空间分辨率，如对于 IASI 传感器而言，$\text{Resolution}_{\text{MON}}$ 为 12km。

观测时间差值 t 需满足：

$$|\text{time}_{\text{MON}} - \text{time}_{\text{REF}}| < 10\text{min} \tag{3-3}$$

传感器观测天顶角 VZA 差值需满足：

$$\left|\frac{\cos(\text{VZA}_{\text{MON}})}{\cos(\text{VZA}_{\text{REF}})} - 1\right| < 0.01 \tag{3-4}$$

光谱插补：由于不同传感器光谱设计间的差异，REF 部分通道有可能缺失，影响了利用高光谱卷积法获取到 MON 对应通道的理论辐亮度，因此在交叉辐射定标前需要进行光

谱插补。插补过程将利用到辐射传输模型（如 MODTRAN[①]），建立 REF 星上缺失光谱通道与已有光谱通道间的统计关系，即

$$\ln(L_{\text{REF}}^{\text{missing}}) = c_0 + \sum_k c_k \ln(L_{\text{REF}, k}^{\text{simulate}}) \tag{3-5}$$

式中，$L_{\text{REF}}^{\text{missing}}$ 为 REF 缺失通道的星上辐亮度；$L_{\text{REF}, k}^{\text{simulate}}$ 为通过辐射传输模型模拟的 REF 已有通道的星上辐亮度；k 为光谱通道位置；c_k 为事先通过统计回归获取的常数。利用这些常数就能够完成对 REF 缺失通道星上辐亮度的插补。

空间滤波：REF 和 MON 的分辨率并不一致，如高光谱热红外传感器 IASI 星下点空间分辨率是 12km×12km，而多光谱传感器 VISSR 星下点分辨率是 5km×5km。为了减少逐像元对比过程中空间大小不一致等产生的不确定性，需要对匹配数据进行空间滤波，仅保留均匀场景的匹配样本。定义 MON $n×n$ 的像元为目标区 Obj（其中 $n×n$ 像元覆盖区域与 REF 覆盖区域基本相当，通常 n 取值为 3 或者 5），而目标区周围 $m×m$ 的像元为背景区 Envi（通常 m 取值为 9）。通过对目标区和背景区的统计，获取均匀场景的匹配样本。均匀性检验需满足：

$$\begin{cases} \dfrac{\text{Stdv}（\text{Obj}）}{\text{Mean}（\text{Obj}）} < 5\% \\ |\text{Mean}（\text{Obj}）- \text{Mean}（\text{Envi}）| < 3 \times \text{Stdv}（\text{Envi}） \end{cases} \tag{3-6}$$

式中，Stdv 为标准差；Mean 为均值。不满足上述均匀性检验的样本进一步将被剔除。

最小二乘回归：利用 MON 的通道响应函数，将 REF 的辐亮度观测值进行积分，获取到 MON 的理论真值，即

$$L_{\text{MON}}^{\text{true}} = \frac{\int L_{\text{REF}} f(\lambda) \, d\lambda}{\int f(\lambda) \, d\lambda} \tag{3-7}$$

式中，$f(\lambda)$ 是 MON 的通道响应函数。

将最后匹配的样本利用最小二乘方法直接建立统计回归关系，即可获取所需的交叉辐射定标系数：

$$\text{coeff} = L_{\text{MON}}^{\text{true}} (L_{\text{MON}}^{\text{obser}})^T [L_{\text{MON}}^{\text{obser}} (L_{\text{MON}}^{\text{obser}})^T]^{-1} \tag{3-8}$$

式中，$L_{\text{MON}}^{\text{obser}}$ 为 MON 直接观测到的星上辐亮度；$L_{\text{MON}}^{\text{true}}$ 为积分获取到的辐亮度理论真值；coeff 为所需的交叉辐射定标系数，满足：

$$L_{\text{MON}}^{\text{true}} = \text{coeff} \, L_{\text{MON}}^{\text{obser}} \tag{3-9}$$

虽然 GSICS 系统已经业务化运行，但该系统还存在如下三个主要不足。

（1）GSICS 交叉辐射定标方法通过逐像素比较来进行条件匹配，在这个过程中涉及多个复杂计算，执行效率低下。如果修改匹配标准重新筛选匹配数据，就需要对全部数据重新计算，这个过程耗时耗力，不利于后续算法的优化和完善。

（2）在条件匹配过程中，没有对传感器观测方位角进行约束，导致了地表的方向性反射和发射会对 GSICS 交叉辐射定标造成较大的影响，会在一定程度上降低交叉辐射定标的精度。为了减弱未考虑传感器观测方位角导致的影响，目前 GSICS 交叉辐射定标只能处理

---

① 中等光谱分辨率大气辐射传输模式（moderate resolution atmospheric transmission，MODTRAN）。

夜晚数据。由于未对白天数据进行交叉辐射定标，GSICS 交叉辐射定标方法缺乏对一个完整日周期定标变化的描述，交叉辐射定标精度在白天无法有效保证。

（3）为了解决交叉对比过程中空间分辨率不一致的问题，GSICS 交叉辐射定标方法会对匹配数据进行空间滤波，进一步挑选出均匀场景，这样做的优势是可消除传感器自身空间定位精度误差导致的匹配错误，但是这样会在一定程度上剔除部分云覆盖的像元，导致匹配数据集可能无法描述包含晴空、有云和部分有云等条件下的数据，降低了匹配数据集的代表性，且由于减少了匹配数据集所含数据的个数，也在一定程度上降低了交叉辐射定标系数的可信度。

第二节　改进的高光谱卷积法

（一）算法原理

交叉定标方法是以一个已定标的卫星遥感器作为参考，通过遥感图像数据的对应处理，实现对另一个遥感器的绝对定标。当两个遥感器观测地面上同一块区域，由于两个遥感器观测几何、大气条件、遥感器光谱响应等差异，参考卫星遥感器和待定标卫星遥感器的入瞳辐亮度不同。交叉定标充分考虑上述因素影响，根据参考卫星遥感器入瞳辐亮度推算待定标卫星遥感器的入瞳辐亮度，并结合待定标卫星图像的灰度值就可得到待定标遥感器的定标系数。

因此，两个遥感器若要进行在轨的交叉定标须具备以下条件之一：①具有相同的地面瞬时视场和光谱波段，并有准同步、相同景物的卫星图像；②具有相似的光谱波段，即有部分或全部相同的光谱范围，有准同步、相同景物的卫星图像；③有相同的地面瞬时视场和光谱波段；④有相似光谱波段和瞬时视场。

高光谱卷积方法利用高光谱数据进行交叉定标，继承了光线匹配法和辐射传输法的优点，并去除了它们的缺点。目前搭载在 Aqua 和 Metop 星上的 AIRS 和 IASI 具有较高的辐射定标精度，因此它们通常作为红外交叉辐射定标的基准。假设传感器 A 的热红外通道需要辐射定标，且其光谱响应函数 $f(\lambda)$ 是准确的，那么将相同时间和相同角度的高光谱热红外数据 AIRS 或者 IASI 与传感器 A 的光谱响应函数进行卷积计算，即可得到传感器 A 理论观测值 R_{cor}，即

$$R_{cor} = \int_{\lambda_1}^{\lambda_2} f(\lambda) R_{ref}(\lambda) d\lambda \Big/ \int_{\lambda_1}^{\lambda_2} f(\lambda) d\lambda \tag{3-10}$$

式中，λ_1 和 λ_2 是光谱响应函数的下限和上限；R_{ref} 是所选择作为基准的高光谱热红外通道观测值。在相同地点、相同时间和相同角度的观测条件下，对传感器的实际观测 R 值与利用式（3-10）进行卷积计算得到的理论观测值 R_{cor} 进行比对和回归分析，即可得到传感器 A 热红外通道的交叉辐射定标系数，表示成矩阵的形式为

$$\begin{bmatrix} a & b \end{bmatrix} = R_{cor} \begin{bmatrix} R^T & 1 \end{bmatrix} \left(\begin{bmatrix} R \\ 1 \end{bmatrix} \begin{bmatrix} R^T & 1 \end{bmatrix} \right)^{-1} \tag{3-11}$$

式中，a 和 b 是定标系数，分别对应线性定标纠正式的斜率和截距；T 为矩阵的转置；-1

表示矩阵的逆。

（二）算法流程

改进的高光谱卷积法通过聚合像元生成空间匹配格网，建立时空统计查找表，引入观测方位角差值检验和线性稳健回归的方式，克服了 GSICS 主要的技术缺陷。交叉辐射定标过程中选择的基准传感器为 AIRS 或者 IASI，待定标传感器为目前在轨正常运行的各种成像红外传感器，技术流程如图 3-2 所示。

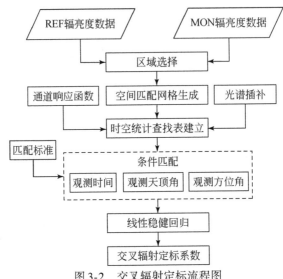

图 3-2　交叉辐射定标流程图

对于静止卫星，其轨道平面与赤道平面重合，卫星与地面的位置相对保持不变，因此选择以赤道为中心作为交叉辐射定标区域。假设静止卫星的星下点坐标为（0，Lon），则静止卫星最佳交叉辐射定标区域为 30°S ~ 30°N，经度 Lon−65° ~ Lon+65° 的矩形区域。例如，静止卫星 FY-2E（星下点纬度为 0°，经度为 105°E）的最佳交叉辐射定标区域如图 3-3 框中所示。

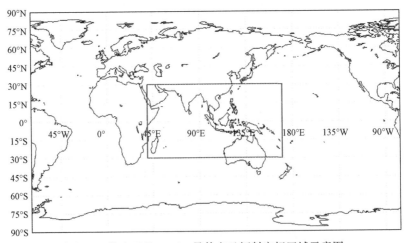

图 3-3　静止卫星 FY-2E 最佳交叉辐射定标区域示意图

技术流程主要分为如下 5 个关键步骤：区域选择；空间匹配格网生成；时空统计查找表建立；条件匹配；线性稳健回归。

区域选择：考虑到交叉辐射定标数据量巨大，首先通过分析研究，确定静止卫星传感器最佳交叉辐射定标区域。

根据选定的最佳交叉辐射定标区域四个角点的经纬度坐标，依次判断与 REF 以及 MON 四个角点的经纬度坐标的关系。如果 REF 或者 MON 有任意一个角点落入最佳交叉辐射定标区域内，则将该 REF 或者 MON 文件保存到待匹配数据子集中。

空间匹配格网生成：根据选定的最佳交叉辐射定标区域，以固定大小的间隔，将这个定标区域均匀划分成相同经纬度间隔的空间格网。例如，针对静止卫星 FY-2E 的最佳交叉辐射定标区域，以 5° 等间隔划分的空间匹配格网如图 3-4 所示。

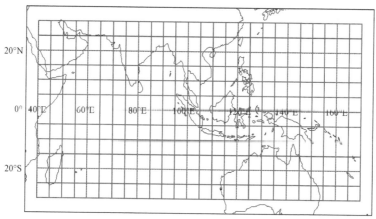

图 3-4 静止卫星 FY-2E 的 5° 等间隔空间匹配格网示意图

格网间隔越小，后续处理的过程所需要的时间越多，而且也越容易受到 REF 或者 MON 自身几何定位精度的影响。格网间隔太大，又会导致匹配时可用于交叉辐射定标的匹配数据点太少，影响交叉辐射定标的精度和可信度。因此权衡两者利弊，格网间隔大小建议为 0.25 ° ~1°之间。空间匹配格网生成后，保存每个格网四个角点的经纬度坐标，以及格网位于整个定标区域的行列号 (i, j)。其中，i 为行号，j 为列号。

时空统计查找表建立，主要分为以下 9 步。

(1) 时空统计查找表包含三个独立的表，即空间索引表、时间索引表以及文件统计表。首先建立空间索引表，该索引表对应上面生成的空间匹配格网。如果空间匹配格网有 n 行 m 列，则生成的空间索引表也有 n 行 m 列。每个空间索引表与每个空间匹配格网都一一对应。针对每个空间索引表，建立时间索引表。时间索引表共 365 行（闰年为 366 行），其每一行对应为选定交叉辐射定标年的每一天。针对每一天，建立文件统计表。文件统计表至少包括 4 列，分别为辐亮度、观测天顶角、观测方位角和观测时间（如果需要也可以将其他可用信息记录到统计表中）。空间索引表、时间索引表以及文件统计表都通过指针联系起来，如图 3-5 所示。

(2) 依次遍历 REF 和 MON 每个文件，判断是否还有未遍历的文件。如果还有未遍历的文件，则先提取该文件数据四个角点的坐标（记作 $P_{file,1}$，$P_{file,2}$，$P_{file,3}$ 和 $P_{file,4}$）；如果

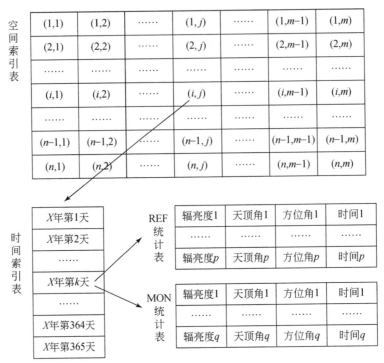

图 3-5　交叉辐射定标所需的时空统计查找表示意图

所有文件都遍历完毕，则转到（9）。

（3）依次判断每个格网四个角点（记作 $P_{grid,1}$，$P_{grid,2}$，$P_{grid,3}$ 和 $P_{grid,4}$）与 REF 或者 MON 数据文件四个角点 P_{file} 坐标的关系。如果 P_{grid} 每个角点都落入 P_{file} 四个角点坐标连成的四边形内，则说明选定的空间格网完全落入 REF 或者 MON 数据文件覆盖的范围内，转入（4），否则继续判断下一个空间格网。

（4）依次判断 REF 或者 MON 数据文件每个像素四个角点（记作 $P_{pixel,1}$，$P_{pixel,2}$，$P_{pixel,3}$ 和 $P_{pixel,4}$）与选定空间格网四个角点 P_{grid} 坐标的关系。如果 P_{pixel} 其中一个角点落入 P_{grid} 四个角点坐标连成的四边形内，则说明选定的像素与选定的空间格网在空间上有重叠。利用经典几何学求取选定像素所覆盖区域与选定空间格网在空间上的重叠面积 S_{pixel}，并记录重叠面积以及对应的观测辐亮度、观测天顶角、观测方位角和观测时间（该过程可以用 MATLAB 语言提供的函数 polybool 和 polyarea 来实现）。继续判断下一个像素，直到该 REF 或者 MON 数据文件的所有像素都判断完毕。

（5）针对记录的 REF 辐亮度数据 L_{REF}，利用 MON 的通道响应函数 $f(\lambda)$ 进行光谱积分，获取到对应 MON 的理论辐亮度 L_{MON}^{true}（真值），即

$$L_{MON}^{true} = \frac{\int L_{REF} f(\lambda)\,\mathrm{d}\lambda}{\int f(\lambda)\,\mathrm{d}\lambda} \tag{3-12}$$

在进行辐亮度空间格网聚合过程中，如果 MON 的光谱范围比 REF 的光谱范围宽，则需要进行光谱插补。利用辐射传输模型（如 MODTRAN）模拟 REF 星上缺失光谱通道与已

有光谱通道的辐亮度，并建立两者间的统计关系：

$$\ln(L_{\text{REF}}^{\text{missing}}) = c_0 + \sum_k c_k \ln(L_{\text{REF}, k}^{\text{simulate}}) \tag{3-13}$$

式中，$L_{\text{REF}}^{\text{missing}}$ 为 REF 缺失通道的星上辐亮度；$L_{\text{REF},k}^{\text{simulate}}$ 为 REF 传感器已有通道的星上辐亮度；k 为光谱通道位置；c_k 为事先通过统计回归获取的常数。利用这些常数就能够完成对 REF 缺失通道星上辐亮度的插补。

（6）将记录有重叠区域的像素对应的各数据（如辐亮度、观测天顶角、观测方位角和观测时间）空间聚合到选定的空间格网上，采用基于面积加权的像素空间聚合来估算空间格网尺度的对应值，即

$$X(i, j) = \frac{\sum\limits_{\text{grid}} S_{\text{pixel}} \times X_{\text{pixel}}}{\sum\limits_{\text{grid}} S_{\text{pixel}}} \tag{3-14}$$

式中，$X(i, j)$ 为选定的空间格网（假设选定的空间格网为第 i 行第 j 列）聚合后的辐亮度（MON 观测辐亮度、MON 理论辐亮度）、观测天顶角、观测方位角或者观测时间；S_{pixel} 为像素与选定格网重叠部分的面积；X_{pixel} 为像素对应的辐亮度（MON 观测辐亮度、MON 理论辐亮度）、观测天顶角、观测方位角或者观测时间。

（7）根据遍历数据文件的类型（如 REF 或者 MON），结合面积加权聚合后的辐亮度、观测天顶角、观测方位角以及观测时间，根据选定的空间格网和选定的观测时间（以日为尺度），将（6）获取的聚合后的信息添加到对应的时空统计表中。如果是 REF 文件，则将 MON 理论辐亮度、观测天顶角、观测方位角和观测时间添加到 REF 统计表中。如果是 MON 文件，则将 MON 观测辐亮度、观测天顶角、观测方位角和观测时间添加到 MON 统计表中。

（8）判断所有格网是否处理完毕。如果未处理完毕，则转到（3）继续判断下一个格网。如果所有空间格网都判断完毕，则转到（2），继续遍历下一个 REF 或 MON 文件。

（9）时空统计查找表建立完毕。通过该时空统计查找表可以获取到任意格网和任意时间所对应的 REF 和 MON 的统计信息。

条件匹配：交叉辐射定标需要挑选出 REF 和 MON 观测条件近似一致的匹配数据，因此将通过条件检验的方式对时空和角度等观测条件进行限制。在条件检验前，先建立统计信息差值遍历表，根据选定的需要开展交叉辐射定标的日期，将所有空间网格对应的该日期所有 REF 和 MON 统计表都提取出来。然后依次遍历 REF 和 MON 统计表的各行，采用循环的方式生成两者的统计信息差值遍历表，如图 3-6 所示。

图 3-6 中第 1 列存储是通过 REF 数据获取的空间聚合后的 MON 理论辐亮度。第 2 列存储是通过 MON 数据获取的空间聚合后的 MON 观测辐亮度。第 3 列存储是观测天顶角余弦之比减 1，即 $d_{\text{VZA}} = \cos(\text{VZA}_{\text{MON}}) / \cos(\text{VZA}_{\text{REF}}) - 1$。第 4 列存储是观测方位角（view azimuth angle，VAA）之差，即 $d_{\text{VAA}} = \text{VAA}_{\text{MON}} - \text{VAA}_{\text{REF}}$。第 5 列存储是观测时间之差，即 $d_{\text{time}} = \text{time}_{\text{MON}} - \text{time}_{\text{REF}}$。

根据图 3-6，就能进行条件匹配，分别对观测天顶角、观测方位角和时间的差值进行判断，通过设定的条件阈值，挑选出满足条件匹配的所有辐亮度配对数据（第 1 行和第 2 行）。

线性稳健回归：经典最小二乘回归方法对异常值比较敏感，因此为了减少异常值对估

辐亮度1	辐亮度1	天顶角 差值1	方位角 差值1	时间 差值1
辐亮度2	辐亮度2	天顶角 差值2	方位角 差值2	时间 差值2
……	……	……	……	……
辐亮度1	辐亮度q	天顶角 差值q	方位角 差值q	时间 差值q
辐亮度2	辐亮度1	天顶角 差值$q+1$	方位角 差值$q+1$	时间 差值$q+1$
……	……	……	……	……
辐亮度p	辐亮度$q-1$	天顶角 差值$p×q-1$	方位角 差值$p×q-1$	时间 差值$p×q-1$
辐亮度p	辐亮度q	天顶角 差值$p×q$	方位角 差值$p×q$	时间 差值$p×q$

图 3-6　统计信息差值遍历表示意图

假设针对某一日期某一网格而言，REF 统计表有 p 行，MON 统计表有 q 行

算的交叉辐射定标系数的影响，这里采用线性稳健回归方法建立所挑选出的所有辐亮度配对数据间的统计回归关系，即估算所需的交叉辐射定标系数。对不同的点施加不同的权重，即对残差小的点给予较大的权重，而对残差较大的点给予较小的权重，根据残差大小确定权重，并据此建立加权的最小二乘估计，反复迭代以改进权重系数，直至权重系数的改变小于一定的允许误差，以达到稳健的目的。

第三节　结果与讨论

（一）交叉辐射定标结果

选择 2013 年 6 月的 FY-2E 数据作为实验数据来显示红外交叉辐射定标的效果。设置观测天顶角阈值、观测方位角阈值和观测时间阈值分别为 5°、20° 和 15min。2013 年 6 月 15 日 FY-2E 卫星数据的定标结果如图 3-7 所示，匹配点个数为 214 个，蓝线为 1：1 线。由图 3-7 可知，交叉辐射定标前，当卫星数据值较低时，有较大的偏差。红线为交叉辐射改正线，交叉辐射定标后，理论值和改正后的值能分布于交叉辐射改正线的两侧。

为了进一步分析定标系数随天周期变化情况，研究计算了 2013 年 6 月的定标斜率和截距，如图 3-8 所示，斜率和截距呈反比变化，且能发现斜率与截距随天变化，但无明显变化规律。

为了更好地说明红外交叉辐射定标的重要性，图 3-9 显示了 2013 年 6 月 15 日定标前后的温度偏差。由图 3-9 可知，通道 1 的原始定标精度优于通道 2 的原始定标精度。随着参考温度的增加，温度偏差呈下降趋势。在 280K 的参考温度条件下，如果不进行进一步的交叉辐射定标，通道 1 将会有 1.5K 的温度偏差，而通道 2 将会有 2K 的温度偏差。这必将会影响到后续温度产品的反演精度。

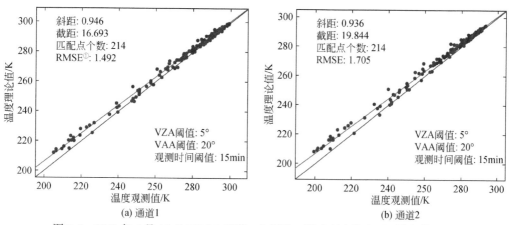

(a) 通道1　　　　　　　　　　　(b) 通道2

图 3-7　2013 年 6 月 15 日 FY-2E 通道 1 和通道 2 温度理论值和观测值的散点图

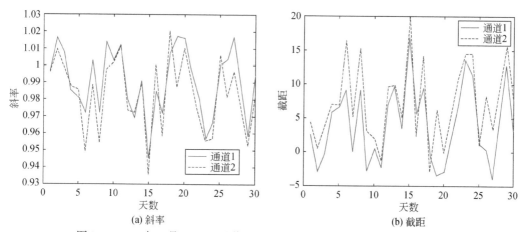

(a) 斜率　　　　　　　　　　　(b) 截距

图 3-8　2013 年 6 月 FY-2E 通道 1 和通道 2 定标斜率和截距随时间的变化

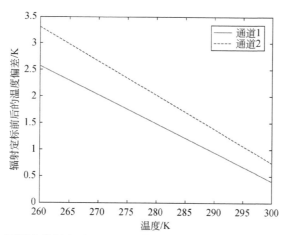

图 3-9　不同参考温度下 FY-2E 通道 1 和通道 2 的定标前后温度偏差图

---

① 均方根误差（root mean square error，RMSE）。

图 3-10 显示了 2013 年 6 月定标前后的温度偏差，其中图 3-10（a）的参考温度为 260K，图 3-10（b）的参考温度为 300K。由此可知，通道 1 的原始定标精度只有 2K 左右，而通道 2 的原始定标精度为 3K 左右。该结论与 GSICS 采用 IASI 交叉定标的结论相吻合，即在季节过渡期间，FY-2E 的定标精度不佳。

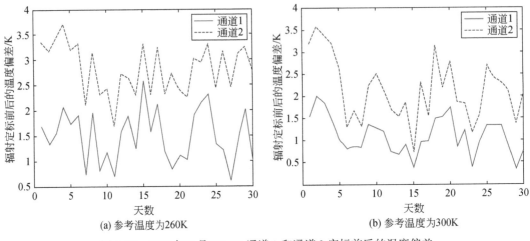

(a) 参考温度为260K　　　　　　　　　　　　(b) 参考温度为300K

图 3-10　2013 年 6 月 FY-2E 通道 1 和通道 2 定标前后的温度偏差

（二）讨论

本研究突破了热红外数据交叉辐射定标观测几何与面积快速匹配技术，实现了利用高光谱热红外数据对静止卫星热红外通道进行交叉辐射定标。总体来说，本研究发展的静止卫星热红外传感器交叉辐射定标技术具有如下优点。

（1）通过建立时空统计查找表的方式，极大地提高了交叉辐射定标的执行效率。时空统计查找表建立后，可以轻易获取到匹配数据，即便修改了匹配标准，也无须重新遍历基准和待定标传感器的数据，能快速获取到所需的交叉辐射定标系数。由于执行效率的提高，本研究提出的方法能够同时应用到静止卫星上搭载的红外传感器，拓宽了红外交叉辐射定标的应用服务对象的范围。

（2）通过引入观测方位角差值检验，进一步对基准和待定标传感器的观测方位角进行了限制，减弱了地表方向性反射和发射对红外交叉辐射定标的影响。虽然白天入射的太阳光增大了反射和发射的能量大小，使得地表方向性反射和发射现象更突出，但是本研究对观测方位角进行了进一步限定，使得基准传感器和待定标传感器的观测天顶角与观测方位角都近似相同，确保了两者观测的目标基本一致，因此本研究提出的方法可以同时应用于白天和晚上。白天数据的引入是对交叉辐射定标非常有益的补充，提高了对待定标传感器红外通道在一个完整白天和晚上日周期变化的定标精度。

（3）通过聚合像元生成等经纬度间隔空间匹配格网的方式，使得基准传感器和待定标传感器数据在辐射定标过程中具有空间一致性，克服了两者空间分辨率不一致而必须进行空间滤波所导致的定标数据代表性较差的问题。此外，选定的空间匹配格网的大小远远大于传感器自身单个像元的大小，因此极大地减弱了传感器自身空间定位精度误差的影响。

在交叉辐射定标过程中，不须要求定标场景均一，因此匹配数据集既包含了晴空、有云和部分有云的各种天气情况，也包含了均匀和异质各种地表状况的匹配数据，提高了交叉辐射定标匹配数据的代表性，从而也在一定程度上增加了交叉辐射定标的可信度。

（4）通过引入线性稳健回归算法，根据残差大小来迭代加权，减少了异常值（如噪声等）对估算的交叉辐射定标系数的影响，克服了经典最小二乘法对异常值敏感的弊端，提高了交叉辐射定标的总体回归质量和水平。

第四章 静止卫星地表温度反演方法概述

地表温度（land surface temperature，LST）是地球表面能量平衡和温室效应的一项重要指标，它是区域和全球尺度上陆地表层系统过程的关键参数，综合反映了土壤-植被-大气系统的能量流动与物质交换的结果，在气候、水文、生态和生物地球化学等许多领域中得到广泛的应用（Price，1990；Anderson et al.，2008；Li et al.，2009；Karnieli et al.，2010），被国际地圈生物圈计划列为优先测定的参数之一（Townshend et al.，1994）。热红外遥感是高时效准确获取区域或全球尺度地表温度的唯一手段（Dash et al.，2002；Li et al.，2013；Prata et al.，1995）。然而，受大气胁迫、地气耦合的综合影响，如何从遥感获取的热辐射信息中定量反演地表温度，解决 N 个观测值、$N+1$ 个未知数的病态问题，实现地表温度和发射率有效分离，是热红外遥感科学界公认的难题。

静止卫星以固定的观测天顶角对地面进行高频次观测，相比于极轨卫星，其在观测易受云雾影响的区域、研究地表随时间变化以及获取大气信息时更有优势。目前各国相继发射了 GOES、Meteosat、FY 等系列卫星，其搭载红外载荷也由早期的单通道扩展到多通道，学者针对其载荷特点，相继建立了单通道算法、分裂窗算法、多通道法以及多时相法等。本章将系统回顾基于静止气象卫星热红外数据的地表温度遥感反演方法的研究进展。

第一节 单通道法

单通道算法是利用卫星传感器上的一个热红外通道（一般在大气窗口内）获得的辐射能，借助于卫星遥感提供的大气垂直廓线数据（温度、湿度、压强等），结合大气辐射传输模型计算大气辐射和大气透过率等参数，修正大气和比辐射率的影响，从而得到地表温度（Ottlé and Vidal-Madjar，1992；Price，1983）。该算法反演精度严重依赖测定的或者已知的地表通道发射率、大气廓线以及大气辐射传输模型精度。研究表明，1% 的地表发射率在湿热大气下会对地表温度造成 0.3K 的误差，而在干冷大气下误差更是高达 0.7K（Dash et al.，2002）。在大气窗口内，如 3.4～4.1μm 和 8～13μm，不同大气辐射传输模型（如 MODTRAN 系列模型、4A/OP 模型等）的精度为 0.5%～2%，这会造成地表温度 0.4～1.5K 的反演误差（Wan，1999）。值得注意的是，大气廓线通常是由地面无线探空设备、卫星垂直探测仪和气象预测模型测量得到，设备测量或预测模型精度必然会影响大气廓线精度，且大气水汽会随着时间和空间发生剧烈变化，因此利用地面无线探空设备探测远离目标区域的大气或探测远离卫星过境时刻的大气可能都会对地表温度反演结果造成较大误差（Cooper and Asrar，1989）。

为了降低对探空数据的依赖性，Jiménez-Muñoz 和 Sobrino（2003）、Sun 等（2004）、Qin 等（2001）国内外学者通过对地表热辐射传输方程进行一阶泰勒展开及近似计算，提出了多种形式的单通道算法，利用卫星遥感数据在发射率已知的条件下反演地表温度。针对仅具备一个热红外通道的静止气象卫星载荷，如 Kaplana-1/VHRR、早期 GOES 成像仪等，国内外学者利用单通道算法反演获取了高时间分辨率地表温度（Pandya et al.，2014；Freitas et al.，2013）以支持地表温度长时间序列变化研究。

1）J&M 普适性单通道算法

Jiménez-Muñoz 和 Sobrino（2003）建立了 J&M 普适性单通道算法，可以用于多种传感器，除了地表比辐射率外，此算法只需要已知大气总水汽含量就可以反演得到地表温度 T_s。

地表热辐射传输方程表示为

$$L_{sen,i} = B_i(T_{b,i}) = \varepsilon_i B_i(T_s)\tau_i + L_i^\uparrow + (1-\varepsilon_i)L_i^\downarrow \tau_i \tag{4-1}$$

式中，$L_{sen,i}$ 为通道 i 的星上辐亮度；B_i 为通道 i 的普朗克函数；$T_{b,i}$ 为通道 i 的星上亮温；τ_i 为通道 i 的大气透过率；$L_i^\uparrow$ 为通道 i 大气上行辐射；ε_i 为通道 i 地表发射率；$B_i(T_s)$ 为地表温度 T_s 对应的黑体辐射能；$L_i^\downarrow$ 为通道 i 的大气下行半球热辐射通量除以 π。

为了公式简化，忽略式（4-1）中 i 的标识符，可表示为

$$B(T_s) = \frac{L_{sen} - L^\uparrow - \tau(1-\varepsilon)L^\downarrow}{\tau\varepsilon} \tag{4-2}$$

为了降低对大气探空数据的依赖性，Jiménez-Muñoz 和 Sobrino（2003）利用泰勒近似将 $B(T_s)$ 在 T_0 处一阶展开，建立了辐射能量与温度之间的线性关系：

$$B(T_s) = B(T_0) + \left[\frac{\partial B(T_s)}{\partial T_s}\right]_{T_s=T_0} \cdot (T_s - T_0) \equiv \alpha(T_0) + \beta(T_0)T_s \tag{4-3}$$

其中

$$\alpha = B(T_0)\left[1 - \frac{c_2}{T_0}\left(\frac{\lambda^4_{B(T_0)}}{c_1} + \frac{1}{\lambda}\right)\right] \tag{4-4}$$

$$\beta = \frac{c_2 B(T_0)}{T_0^2}\left[\left(\frac{\lambda^4 B(T_0)}{c_1} + \frac{1}{\lambda}\right)\right] \tag{4-5}$$

式中，c_1 和 c_2 为辐射常量，$c_1 = 1.19104\times10^8 \text{W}\cdot\text{m}^{-2}\cdot\mu\text{m}^4\cdot\text{sr}^{-1}$，$c_2 = 14387.7\mu\text{m}\cdot\text{K}$；$\lambda$ 为有效波长。将式（4-3）～式（4-5）和式（4-2）联合，T_s 可以表示为

$$T_s = \gamma\left[\frac{1}{\varepsilon}(\psi_1 L_{sen} + \psi_2) + \psi_3\right] + \delta \tag{4-6}$$

$$\gamma = \frac{1}{\beta}, \delta = -\frac{\alpha}{\beta} \tag{4-7}$$

$$\psi_1 = -\frac{1}{\tau}, \psi_2 = -L^\downarrow - \frac{L^\uparrow}{\tau}, \psi_3 = -L^\downarrow \tag{4-8}$$

式中，γ 和 δ 为与辐射常量相关的两个变量；ψ_1，ψ_2，ψ_3 三个参数和大气参数相关，其与总水汽含量 wv 的关系表示为

$$\begin{bmatrix}\psi_1 \\ \psi_2 \\ \psi_3\end{bmatrix} = \begin{bmatrix}c_{11} & c_{12} & c_{13} \\ c_{21} & c_{22} & c_{23} \\ c_{31} & c_{32} & c_{33}\end{bmatrix}\begin{bmatrix}wv^2 \\ wv \\ 1\end{bmatrix} \tag{4-9}$$

式中，系数 c_{ij}（$i=1$，2，3；$j=1$，2，3）可利用模拟数据拟合获取。

当 $T_0 = T_b$ 时：

$$\gamma = \frac{T_b^2}{\alpha_\gamma L_{sen}^2 + b_\gamma L_{sen}} \tag{4-10}$$

$$\delta = -\gamma L_{sen} + T_b \tag{4-11}$$

$$\alpha_\gamma \equiv \frac{c_2 \lambda^4}{c_1}, \quad b_\gamma \equiv \frac{c_2}{\lambda}$$

Pandya 等（2014）针对 Kalpana-1/VHRR 热红外数据，利用 J&M 普适性单通道算法反演了印度地区地表温度，并利用位于印度西部的沙漠、植被区域地面测量数据对反演结果进行了检验，结果表明反演的地表温度数据和地面观测数据一致性很好，相关系数为 0.98，均方根误差为 2.03K。

2）Sun 单通道算法

Sun 等（2004）针对 GOES M-Q 单通道热红外数据，忽略大气下行辐射贡献（地表发射率接近于 1），将普朗克函数一阶展开，通过一系列的近似计算，对辐射传输方程进行线性化，建立地表温度与地表发射率、总水汽含量、星上亮温之间的线性关系。大气透过率表示为

$$\tau_i = \exp(-k_i wv \sec\theta) \approx 1 - k_i wv \sec\theta \tag{4-12}$$

式中，k_i 为通道 i 的吸收系数；θ 为观测天顶角。

与 J&M 普适性单通道算法类似，将普朗克函数在 T_b 处一阶展开，对辐射传输方程进行线性化后，$B_i(T_{b,i})$ 近似表示为

$$B_i(T_{b,i}) \approx T_{b,i}/n_i \tag{4-13}$$

式中，n_i 为通道常数。

则地表温度与大气平均温度 T_a、星上亮温 $T_{b,i}$ 等参数之间的关系为

$$(C_1 T_{b,i} - \varepsilon_i T_s) = (T_a - \varepsilon_i T_s - C_2 T_{b,i}) k_i wv \sec\theta \tag{4-14}$$

$$C_1 = \frac{1 + (n_i - 1)\varepsilon_i}{n_i}, C_2 = \frac{(n_i - 1)(1 - \varepsilon_i)}{n_i}$$

为了进一步降低未知数，假设大气平均温度 T_a 正比于地表温度 T_s，表示为

$$T_a \approx a_w T_s \tag{4-15}$$

式中，a_w 为回归系数。

当地表发射率近似为 1 时，地表温度表示为

$$T_s \approx \frac{T_{b,i}}{[(a_w - 1) k_i wv \sec\theta + 1]} = \frac{T_{b,i}}{Cwv \sec\theta + 1} \tag{4-16}$$

式中，$C = (a_w - 1) k_i$。

此算法在推导过程中使用了大量的近似，会对反演结果造成一定的误差，尤其是地表发射率并不等于 1.0 的假设。Sun 等（2004）利用美国俄克拉何马州中尺度气象监测网络中 115 个地面站点测量数据对基于此单通道算法反演获取的 GOES M-Q 地表温度数据进行了验证，其均方根误差为 2.3K。

第二节　分裂窗算法

分裂窗算法的起源可以追溯到 20 世纪 70 年代初（Anding and Kauth，1970），此算法利用 $10 \sim 13\mu m$ 的大气窗口内，两个相邻通道（一般为 $10.5 \sim 11.5\mu m$、$11.5 \sim 12.5\mu m$）对大气不同的吸收作用（尤其对大气中水汽作用的差异），通过两个通道测量值的各种组合来剔除大气的影响，不需要任何大气廓线信息进行大气订正。起初这种方法主要用来确定海水表面温度（Prabhakara et al.，1974；McMillin，1975；Deschamps and Phulpin，1980；Llewellyn-Jones et al.，1984；McClain et al.，1985），并取得了成功，其反演海面温度误差小于 0.7K，在全球范围内精度可达 1K。受到海面温度分裂窗算法的启发，从 80 年代开始，国内外学者努力尝试将其扩展用于地表温度反演，陆续提出了多种形式的地表温度分裂窗算法（Price，1984；Becker and Li，1990a；Kerr et al.，1992；Prata，1993；Ulivieri et al.，1992；Sobrino et al.，1994；Wan and Dozier，1996；Jiang and Li，2008）。目前为止，所有的分裂窗算法都是在假定地表比辐射率已知的条件下发展而来的。地表温度都是通过两个相邻通道所测量亮度温度的线性组合或二次多项式非线性组合来确定的，组合的系数必须考虑地表比辐射率、观测角度和大气类型。目前国内外学者将 10 余种不同形式的分裂窗算法应用于静止气象卫星（GOES、MSG、GMS、FY 系列卫星）热红外数据地表温度反演，并形成了 GOES-R/ABI、MSG-SEVIRI 等业务化运行地表温度产品。

1）GOES-R/ABI 地表温度产品反演算法

为了确定 GOES-R 业务化地表温度反演算法，美国国家海洋和大气管理局以及国家环境卫星、数据和信息局对多种形式的分裂窗算法（Price，1984；Ulivieri and Cannizaro，1985；Becker and Li，1990a；Prata and Platt，1991；Vidal，1991；Ulivieri et al.，1992；Sobrino et al.，1993；Sobrino et al.，1994；Wan and Dozier，1996；Caselles et al.，1997；Coll et al.，1997；Yu et al.，2008）进行了比较分析，并在此基础上增加了大气路径长度校正项以进一步降低大气效应的影响。由成像几何关系可以得出，在太阳天顶角度为 60°时大气路径长度大约是太阳天顶角度为 0°时的 2 倍。Yu 等（2008）指出，如果分裂窗算法的系数与水汽总含量有关，则算法的精度将在大观测角度条件下迅速下降。基于此，美国国家海洋和大气管理局在传统 9 种形式的分裂窗算法基础上增加了 $D(T_i - T_j)(\sec\theta - 1)$ 大气路径长度校正项，并利用模拟数据详细地对算法性能进行分析，同时综合考虑到地表比辐射率误差敏感性和业务化运行算法的可操作性，甄选出适用于 GOES-R 业务化运行的地表温度产品生产算法。此算法仅要求平均比辐射率信息，具体表达式如下：

$$T_s = C + A_1 T_i + A_2(T_i - T_j) + A_3\varepsilon + D(T_i - T_j)(\sec\theta - 1) \qquad (4-17)$$

式中，T_s 为地表温度；T_i 和 T_j 为相邻热红外通道（ABI 通道 14 和 15）的星上亮度温度；ε 为这两相邻通道的平均比辐射率，即 $\varepsilon = (\varepsilon_i + \varepsilon_j)/2$，$\varepsilon_i$ 和 ε_j 为相邻通道比辐射率；θ 为观测天顶角；C、A_1、A_2、A_3、D 为未知系数，可利用模拟数据拟合得到。

为了进一步地评估 GOES-R 地表温度反演算法性能，美国国家海洋和大气管理局收集了 6 个地表辐射观测网络（surface radiation budget network，SURFRAD）站点地面测量数据，并与反演的 GOES-R 地表温度数据进行比较，结果表明 GOES-R 业务化运行算法反演精度优于 2.5K。

2）MSG-SEVIRI 地表温度产品反演算法

普适性分裂窗算法由 Wan 和 Dozier（1996）在 Becker 和 Li（1990a）分裂窗算法的研究基础上改进而成。它通过把大气水汽含量、底层大气温度和地表温度等参数的变化范围进行分段来实现对分裂窗算法的进一步优化，以提高地表温度反演精度，并且降低反演精度对地表比辐射率不确定性的敏感性。欧洲气象卫星应用组织陆表分析与卫星应用机构（Land Surface Analysis Satellite Application Facility，LSA SAF）采用普适性分裂窗算法生产了 SEVIRI 业务化地表温度产品（Trigo et al.，2008）。在 LSA SAF SEVIRI 地表温度生产过程中，普适性分裂窗算法将水汽总含量和观测天顶角两个参数进行了分段，具体描述如下：

$$T_s = C + \left(A_1 + A_2 \frac{1-\varepsilon}{\varepsilon} + A_3 \frac{\Delta\varepsilon}{\varepsilon^2} \right) \frac{T_i + T_j}{2} + \left(A_4 + A_5 \frac{1-\varepsilon}{\varepsilon} + A_6 \frac{\Delta\varepsilon}{\varepsilon^2} \right) \frac{T_i - T_j}{2} \qquad (4\text{-}18)$$

式中，$\Delta\varepsilon = \varepsilon_i - \varepsilon_j$；$C$、$A_1$、$A_2$、$A_3$、$A_4$、$A_5$、$A_6$ 为未知系数，可利用模拟数据拟合得到。

为了评估 SEVIRI 地表温度产品反演算法性能，Freitas 等（2010）利用 Namibia 站点地面测量数据对 LSA SAF 地表温度产品进行了验证，结果表明二者一致性很好，均方根误差为 1~2K。

第三节　多通道法

与分裂窗算法类似，利用两个以上中红外或热红外通道亮温的线性或非线性组合反演地表温度，即多通道法。目前，针对静止气象卫星的多通道算法包括中热红外双通道算法、中热红外三通道算法、中热红外四通道算法以及温度发射率分离法（temperature emissivity separation，TES）。

1）中热红外双通道算法

May（1993）以及 Sun 和 Pinker（2003）指出中红外（mid-infrared，MIR）通道 3.9μm 处的大气吸收和干扰较小，可利用此通道来提升大气纠正精度。由于 GOES-M（12）-Q 载荷缺乏分裂窗通道，只有一个热红外通道，基于辐射传输理论，Sun 等（2004）发展了中热红外双通道算法。在该方法中，假设两个通道的地表发射率可以根据地表类型估算，并且为了降低白天太阳辐射对 MIR 通道（$i1$）3.9μm 处的观测值 T_{i1} 的影响，将太阳辐射校正项（$T_{i1}\cos\theta$）增加到白天地表温度反演算法中，表达式如下。

白天：

$$\begin{aligned} T_s = & C + A_1 T_i + A_2 (T_{i1} - T_i) + A_3 (T_{i1} - T_i)^2 \\ & + A_4 (\sec\theta - 1) + A_5 T_{i1} \cos\theta + A_6 (1 - \varepsilon) + A_7 \Delta\varepsilon \end{aligned} \qquad (4\text{-}19)$$

夜间：

$$\begin{aligned} T_s = & C + A_1 T_i + A_2 (T_{i1} - T_i) + A_3 (T_{i1} - T_i)^2 \\ & + A_4 (\sec\theta - 1) + A_5 (1 - \varepsilon) + A_6 \Delta\varepsilon \end{aligned} \qquad (4\text{-}20)$$

式中，$\varepsilon = (\varepsilon_{i1} + \varepsilon_i)/2$；$\Delta\varepsilon = (\varepsilon_{i1} - \varepsilon_i)/2$。

2）中热红外三通道算法

同样地，考虑到中红外通道 3.9μm 处的大气吸收和干扰较小，Sun 和 Pinker（2003）针对 GOES-8 中热红外数据发展了一种中热红外三通道算法，用于反演夜间地表温度。在该方法中，三个通道线性方程的参数由通道发射率组成，没有考虑大气水汽含量和观测天顶角，并且与双通道算法类似，同样假设三个通道的地表发射率可以根据地表类型估算得到，即

$$T_s = C + \left(A_1 + A_2 \frac{1-\varepsilon_i}{\varepsilon_i}\right) T_i + \left(A_3 + A_4 \frac{1-\varepsilon_j}{\varepsilon_j}\right) T_j$$
$$+ \left(A_5 + A_6 \frac{1-\varepsilon_{i1}}{\varepsilon_{i1}}\right) T_{i1} \tag{4-21}$$

与已有的分裂窗算法（Becker and Li，1990a；Wan and Dozier，1996）比较表明，中热红外三通道算法能够获得最好的地表温度值，均方根误差为 1K（Sun and Pinker，2003）；利用 SURFRAD 站点地面测量数据对反演的 GOES-8 地表温度数据进行验证，均方根误差为 1～2K。

3）中热红外四通道算法

为了进一步提升大气纠正精度，Sun 和 Pinker（2007）针对 SEVIRI 提出了一种中热红外四通道算法，在分裂窗的基础上，增加了 3.9μm 和 8.7μm 大气窗口通道，并经 Mesonet 和 SURFRAD 站点地面测量数据进行验证表明，均方根误差约为 2.4K，比通用分裂窗算法精度更高。对于夜间的地表温度反演，算法可以写为

$$T_s = C + A_1 T_i + A_2 (T_i - T_j) + A_3 (T_{i1} - T_{i2}) + A_4 (T_i - T_j)^2$$
$$+ A_5 (\sec\theta - 1) \tag{4-22}$$

式中，T_{i2} 为 8.7μm 处的热红外通道观测值；系数 C 和 A_k（$k=1\sim5$）为未知系数，与地表类型有关。为了计算白天中红外通道 i1 地表反射的太阳直射辐射，将太阳校正项 $A_6 T_{i1} \cos\theta_s$ 加入式（4-22）中。

需要注意的是，卫星在白天大气顶部接收到的中红外数据包括地表反射的太阳直射辐射以及地表和大气自身的发射辐射，而太阳校正项的误差也会影响最终地表温度的反演精度，特别是在中红外波段反射率较高的干旱和半干旱地区。同时，多增加一个通道也会随之带来增加测量误差的代价。此外，与测量仪器噪声和其他不确定性有关的误差也会影响最终地表温度的反演精度。中红外通道和 8.7μm 通道的发射率范围要比传统分裂窗算法中使用通道的发射率范围更宽，且发射率的不确定性更大（Trigo et al.，2008），这也进一步限制了这些通道在业务应用中的广泛使用。

4）温度发射率分离法

基于热红外波段获取的数据同时承载着地表温度和发射率信息这一思想，Gillespie 等（1996）利用大气校正后的先进星载热发射和反射辐射仪数据，率先提出了温度发射率分离法。这一方法基于光谱反差和最小发射率之间的经验关系来增加方程的数目（等价于减少未知数的个数），使不可解的反演问题变得可解。它充分吸收了归一化发射率法（Gillespie，1995）、光谱比值法和最大-最小发射率差值法（Matsunaga，1994）三种算法的

优点并针对其不足做了相应的改进。该算法首先利用归一化发射率法估算温度和比辐射率；然后利用光谱比值法将通道比辐射率与所有通道平均值相除来计算比辐射率比值，作为比辐射率波形的无偏估计；最后根据最大−最小发射率差值法中的最小比辐射率与最大−最小相对比辐射率差值的经验关系来确定最小比辐射率，进而获得比辐射率和温度。通过数值模拟发现，TES 算法反演地表温度与比辐射率的精度分别小于 1.5K 和 0.015（Gillespie et al., 1996）。

该方法要求至少有三个或者四个热红外通道，可以适用于任何类型的自然下垫面，特别是类似于岩石和土壤的具有较大光谱反差的发射率的下垫面，并且不需要考虑发射率中的光谱差异（Gillespie et al., 1998；Sobrino et al., 2008）。因此，Jiménez-Muñoz 等（2014）利用 MODIS 大气廓线产品（MOD07）对 MSG-SEVIRI 热红外数据进行大气纠正后，将 TES 算法应用于 MSG-SEVIRI 热红外数据（通道 8.7μm、10.8μm、和 12.0μm）地表温度反演，探讨了 TES 算法应用于三个通道热红外数据的地表温度反演可行性，以提升 LSA SAF 地表温度产品反演精度。其 ε_{min}-MMD 关系如下：

$$\varepsilon_{min} = 0.998 - 0.684 MMD^{0.747} \tag{4-23}$$

研究结果表明，TES 算法可以成功地应用于 SEVIRI 地表温度数据上，在高精度大气纠正条件下，基于模拟数据测试算法反演精度的地表发射率约为 0.015，地表温度约为 1.5K；对于较大光谱反差发射率的下垫面（如 Namibia 沙漠），利用 SEVIRI 观测数据反演得到的地表温度可以保证同样的精度水平，而对于灰体而言（如植被），由于其具有较低光谱反差发射率，TES 算法反演误差会增加；然而，在 Marrakech、Dahra 和 Gobabeb 区域，虽然其具有较低的光谱反差发射率，但是利用 TES 算法也可以反演得到较好的地表温度结果，其反演误差部分来源覆盖于地表上层的干枯草和青草。因此，Jiménez-Muñoz 等（2014）指出，TES 算法可以用来提升干旱和半干旱地区 LSA SAF 地表温度反演精度，TES 算法和分裂窗算法的综合应用将会改善 LSA SAF 业务化地表温度生产精度。

第四节　多时相法

多时相算法是在假定地表发射率不随时间变化的前提下利用不同时间的测量结果来反演地表温度和发射率的。目前针对静止气象卫星比较有代表性的是双温法（Watson, 1992）、双温法和分裂窗算法结合法，以及矩阵反演法。

1）双温法

双温法的思路是通过多次观测来减少未知数的个数。假设热红外通道已经经过精确的大气校正并且发射率不随时间而发生变化，那么如果地表被 N 个通道两次观测，$2N$ 次测量将会有 $N+2$ 个未知数（N 个通道的发射率以及 2 个地表温度）。因此，当 $N \geq 2$ 时，通过求解 $2N$ 个方程可以反演得到 N 个地表发射率和 2 个地表温度（Watson, 1992）。值得注意的是，地表发射率不随时间而变化的假设暗示地表是均匀的并且有相对稳定的土壤湿度，所以首先是要减小由像元大小和观测角度带来的地表发射率的变动，其次要避免地表发射率随土壤湿度的变化而变化，如要考虑降雨和露水的发生。

假设静止气象卫星两个分裂窗通道 i 和 j 在 t_1 和 t_2 时刻大气层顶观测辐亮度为 L_c^t（$c=i$,

j），基于大气温湿廓线利用 MODTRAN 大气辐射传输方程对其进行大气纠正后，通过 Quasi-Newton 等优化算法求解最小代价函数 $f(x)$，同时估算地表温度和发射率。其中：

$$f(x) = \left\{ \sum_{\substack{c=i,j \\ t=t_1,t_2}} \left[\hat{L}_c^t(\theta) - L_c^t(\theta) \right]^2 \right\}^{1/2} \tag{4-24}$$

$$\varepsilon_j = \alpha\varepsilon_i + \beta + [\delta_\varepsilon] \tag{4-25}$$

式中，$\hat{L}_c^t(\theta)$ 为分裂窗通道在 t 时刻大气层顶模拟辐亮度；ε_i 和 ε_j 分别为通道 i 和 j 的地表发射率；α 和 β 为拟合系数；$[\delta_\varepsilon]$ 为拟合方差。

双温法对地表发射率的光谱形状没有做出假设，只是假定发射率是不随时间而变化的；这 $2N$ 个方程是高度相关，可能导致方程的解不稳定，且对传感器噪声和大气校正产生的误差非常敏感（Watson，1992；Gillespie et al.，1996；Caselles et al.，1997）；在没有实测大气廓线数据的情况下，很难进行非常精确的大气校正，因此在反演地表温度和发射率时使用近似的廓线可能导致比较大的误差。此外，双温法还需要在不同时相对影像进行精确几何配准（Watson，1992；Gillespie et al.，1996），尤其对于下垫面不均匀的区域，匹配误差将会对地表温度和发射率反演结果造成较大影响（Wan，1999）。

Faysash 和 Smith（2000）将双温法应用于 GOES-8 热红外数据并利用 ARM-CART 站点地面测量数据进行验证，均方根误差约为 2.8K。Peres 和 Camara（2004）将双温度法应用于 MSG-SEVIRI 数据，并利用模拟数据对算法精度进行了分析，均方根误差为 0.8~2.5K。

2）双温法和分裂窗算法结合法

双温法地表温度和发射率的反演精度依赖于所选择的限定条件和初始值的设置，不合理的初始值会严重影响算法精度。基于此，Peres 等（2010）提出双温法和分裂窗算法相结合的方法。此算法利用植被指数法反演得到地表发射率，并以此为基础，利用分裂窗算法反演得到地表温度，将其作为双温法的初始值，来保证反演精度。Peres 等（2010）将其应用于 MSG-SEVIRI 的地表温度和发射率反演，结果表明此算法可提供比分裂窗算法精度更高的地表温度反演结果，在发射率变化较大且干燥大气条件下，双温法和分裂窗算法相结合的地表温度反演算法精度优于 1.3K，分裂窗算法反演精度为 3.0K。

3）矩阵反演法

受双温法启发，Fang 等（2014）将此算法扩展至静止气象卫星，综合利用两个线性分裂窗算法，提出了矩阵反演法。此算法仍然假设两个时刻地表发射率保持不变，但它不再求解辐射传输方程，因此不依赖于实时大气廓线。算法具体表示为

$$\begin{bmatrix} 1 & 0 & -f_1(T_{i,t_1},T_{j,t_1},\theta) & -f_2(T_{i,t_1},T_{j,t_1},\theta) \\ 1 & 0 & -g_1(T_{i,t_1},T_{j,t_1},\theta) & -g_2(T_{i,t_1},T_{j,t_1},\theta) \\ 0 & 1 & -f_1(T_{i,t_2},T_{j,t_2},\theta) & -f_2(T_{i,t_2},T_{j,t_2},\theta) \\ 0 & 1 & -g_1(T_{i,t_2},T_{j,t_2},\theta) & -g_2(T_{i,t_2},T_{j,t_2},\theta) \end{bmatrix} \begin{bmatrix} T_{s,t_1} \\ T_{s,t_2} \\ X_1(\varepsilon_i,\varepsilon_j) \\ X_2(\varepsilon_i,\varepsilon_j) \end{bmatrix} = \begin{bmatrix} f_0(T_{i,t_1},T_{j,t_1},\theta) \\ g_0(T_{i,t_1},T_{j,t_1},\theta) \\ f_0(T_{i,t_2},T_{j,t_2},\theta) \\ g_0(T_{i,t_2},T_{j,t_2},\theta) \end{bmatrix}$$

$$\tag{4-26}$$

式中，T_{i,t_p}，T_{j,t_p} 为热红外分裂窗通道 i 和 j 在 t_p（$p=1,2$）时刻的星上亮温；T_{s,t_p} 为 t_p 时刻的地表温度；ε_i 和 ε_j 为通道 i 和 j 的地表发射率；θ 为观测天顶角；f_q，g_q（$q=0,1$,

2）分别为分裂窗算法 $F(\ )$ 和 $G(\ )$ 中相应的分项。

　　为了避免求解矩阵过程中出现奇异解，算法 $F(\ )$ 和 $G(\ )$ 必须互相独立，且需保证两个时刻的星上亮温值具有明显差异。例如，Fang 等（2014）曾将 $F(\ )$ 设置为 Wan 和 Dozier（1996）提出的通用分裂窗算法，将 $G(\ )$ 设置为 Vidal(1991) 提出的分裂窗算法来反演 GOES 和 MSG-SEVIRI 地表温度，并利用美国 SURFRAD 地面站点测量数据进行了验证，结果表明此算法地表温度反演精度约为 1.95K，可以应用于 GOES-R/ABI 和 MSG-SEVIRI 业务化地表温度反演。

　　在此算法中，$F(\ )$ 表述为

$$T_s = \left[A_0 + A_1(T_i+T_j) - A_2(T_i+T_j) + A_4(T_i-T_j) - A_5(T_i-T_j) + D(T_i-T_j)(\sec\theta-1) \right] \\ + \left[A_2(T_i+T_j) + A_5(T_i-T_j) \right] X_1 + \left[A_3(T_i+T_j) + A_6(T_i-T_j) \right] X_2 \tag{4-27}$$

式中，$X_1 = 1/\varepsilon$；$X_2 = \Delta\varepsilon/\varepsilon^2$。

　　$G(\ )$ 表述为

$$T_s = A_0 + A_1 T_i + A_2(T_i-T_j) - A_3 + D(T_i-T_j)(\sec\theta-1) + A_3 X_1 + A_4 X_2 \tag{4-28}$$

　　综上所述，静止卫星以固定的观测天顶角对地面进行高频率观测的特点，为地表温度和发射率反演提供了新的契机。目前，国内外学者大多仍关注于发射率已知条件下从静止卫星多通道数据反演地表温度，对多时相信息的考虑不多。因此，利用静止卫星多光谱和多时相数据同时反演地表温度和发射率是未来发展重点之一。

第五章　MSG2-SEVIRI 地表比辐射率反演

地表比辐射率是表征地表特征的重要参数，同时也是反演地表、大气参数的重要条件。不同地物类型由于其结构、含水量、粗糙度等差异而具有各自的辐射特征。热红外遥感作为获取地表热辐射特性和地表温度的主要手段，温度和比辐射率分离是热红外遥感中的核心问题。随着热红外遥感技术的发展和逐步成熟，国内外学者发展了多种地表比辐射率反演算法。本章主要针对 MSG2-SEVIRI 数据具有高时间分辨率、多光谱分辨率的特点，提出改进后的、基于与温度无关的热红外光谱指数（temperature independent thermal infrared spectral indices，TISI）的地表比辐射率反演算法，并对算法进行应用。

第一节　地表比辐射率反演算法

一、TISI 地表比辐射率算法

基于与温度无关的热红外光谱指数（TISI），Becker 和 Li（1990b）从物理推导的角度出发，提出了一种确定 AVHRR 中红外通道（中心波长在 3.7μm 附近）的双向反射率的方法。该方法通过对比白天和晚上中红外和热红外 3 个通道组成的 TISI 来消除辐射能，从而提取太阳反射辐射。只要已知 AVHRR 中红外通道 3 的双向反射率的角度关系以及用于大气校正的大气条件，就可以较精确地确定地表比辐射率，但是使用由 3 个通道组成的 TISI，有些冗长，方法较复杂，而且正如 Nerry 等（1998）指出，地表朗伯反射的假定在大多数的情况下是不恰当的。因此，Li 等（2000）又对此方法进行了改进，提出一种用于描述在 AVHRR 中红外通道 3 上双向反射率的角度变化模型，并基于双通道的 TISI，从 AVHRR 热红外数据中反演了北非、西班牙和葡萄牙地区的地表比辐射率。Jiang 等（2006）发现使用 RossThick-LiSparse-R 核驱动的 BRDF 模型可以更精确地刻画中红外通道的双向反射率，并针对 MSG1-SEVIRI 数据基于双通道的 TISI 反演了地表比辐射率。基于 Jiang 等（2006）与 Jiang（2007）的地表比辐射率反演工作，本研究对其进行改进并将其应用于 MSG2-SEVIRI 数据。

Becker 和 Li（1990b）从地面辐射能 R 出发，在普朗克函数的某种近似下，定义了两通道 i 和 j 组成的 TISI，即 TISI_{ij} 为

$$\text{TISI}_{ij} = \left[\frac{R_i\left(\theta_v\right)}{m_i C_i}\right]^{1/n_i} \left[\frac{R_j\left(\theta_v\right)}{m_j C_j}\right]^{-1/n_j} \tag{5-1}$$

其中

$$C_x = \left(1 - \frac{R_{\text{atm}\downarrow x}}{B_x\left(T_s\right)}\right) \Big/ \left(1 - \frac{R_{\text{atm}\downarrow x}}{R_x}\right) \quad (x = i,\ j) \tag{5-2}$$

式中，$R_i(\theta_v)$ 为通道 i 的地面辐射能，θ_v 为观测天顶角；$R_{atm\downarrow i}$ 为通道 i 的大气下行辐射；T_s 为地表温度；n_i 和 m_i 为通道常数，$B_i(T)=m_iT^{n_i}$。对于 SEVIRI，n_i 和 m_i 的值如表 5-1 所示。

表 5-1　通道常数 n_i 和 m_i（Jiang，2007）

常数	通道 4	通道 9	通道 10
m_i	9.7260×10^{-31}	7.4114×10^{-10}	8.82383×10^{-9}
n_i	12.1117	4.5127	4.1017
RMSE*/K	0.20	0.19	0.19

＊温度范围 280～320K，间隔 0.1K。

假定白天和晚上的 TISI$_{ij}$ 不变，SEVIRI 中红外通道（通道 4）的双向反射率可由式（5-3）表示。MSG2-SEVIRI 每 15min 提供一景图像，根据式（5-3）可以得到一系列不同太阳天顶角 θ_s 下的中红外通道双向反射率 $\rho(\theta_v,\theta_s,\varphi)$：

$$\rho_i(\theta_v,\theta_s,\varphi)=\frac{R_i^{day}(\theta_v)-\dfrac{C^{day}}{C^{night}}\left[\dfrac{R_j^{day}(\theta_v)}{R_j^{night}(\theta_v)}\right]^{n_i/n_j}R_i^{night}(\theta_v)}{E_{sun,i}} \tag{5-3}$$

其中

$$C=\prod_{i,j}C_iC_j^{-n_i/n_j} \tag{5-4}$$

根据基尔霍夫定律，对于不透明的物体，物体的方向比辐射率和双向反射率的关系如下：

$$\varepsilon_i(\theta_v)=1-\int_0^{2\pi}\int_0^{\pi/2}\rho(\theta_v,\theta_s,\varphi)\sin(\theta_s)\cos(\theta_s)d\theta_s d\varphi \tag{5-5}$$

为了直接用式（5-5）求出方向比辐射率 $\varepsilon_i(\theta)$，本研究引入描述双向反射率角度变化的 RossThick-LiSparse-R 模型（Roujean et al.，1992；Lucht and Louis，2000）：

$$\rho(\theta_v,\theta_s,\varphi)=K_{iso}+K_{vol}\times f_{vol}(\theta_v,\theta_s,\phi)+K_{geo}\times f_{geo}(\theta_v,\theta_s,\varphi) \tag{5-6}$$

$$f_{vol}(\theta_v,\theta_s,\varphi)=\frac{4}{3\pi}\frac{1}{\cos(\theta_v)+\cos(\theta_s)}\times\left[\left(\frac{\pi}{2}-\xi\right)\cos(\xi)+\sin(\xi)\right]-\frac{1}{3} \tag{5-7}$$

$$f_{geo}(\theta_v,\theta_s,\varphi)=O(\theta_v,\theta_s,\varphi)-\sec\theta_v'-\sec\theta_s'+\frac{1}{2}(1+\cos\xi')\sec\theta_v'\sec\theta_s' \tag{5-8}$$

式中，f_{vol} 为体散射核，f_{geo} 为几何光学核，它们都是光线入射角和观测角的函数；K_{iso}、K_{vol} 和 K_{geo} 分别为各项均匀散射、体散射和几何散射三部分所占的比例；θ_v 为观测天顶角，θ_s 为光线入射天顶角，ξ 为相位角，可以式（5-9）～式（5-15）计算得到：

$$\cos\xi=\cos\theta_v\cos\theta_s+\sin\theta_v\sin\theta_s\cos\varphi \tag{5-9}$$

$$O=\frac{1}{\pi}(t-\sin t\cos t)(\sec\theta_v'+\sec\theta_s') \tag{5-10}$$

$$\cos t = \frac{h}{b} \frac{\sqrt{D^2 + (\tan\theta_v'\tan\theta_s'\sin\varphi)^2}}{\sec\theta_v' + \sec\theta_s'} \tag{5-11}$$

$$D = \sqrt{\tan^2\theta_v' + \tan^2\theta_s' - 2\tan\theta_v'\tan\theta_s'\cos\varphi} \tag{5-12}$$

$$\cos\xi' = \cos\theta_v'\cos\theta_s' + \sin\theta_v'\sin\theta_s'\cos\varphi \tag{5-13}$$

$$\theta_v' = \tan^{-1}\left(\frac{b}{r}\tan\theta_v\right) \tag{5-14}$$

$$\theta_s' = \tan^{-1}\left(\frac{b}{r}\tan\theta_s\right) \tag{5-15}$$

式中，h 为地表到树冠中心的高度；b 为树冠垂直半径；r 为树冠水平半径。

当 $h/b = 2$ 和 $b/r = 1$ 时，根据每个观测天顶角 f_{vol} 和 f_{geo} 函数的积分值 $If_{vol}(\theta_v)$ 和 $If_{geo}(\theta_v)$，通过非线性最小二乘拟合（图 5-1），可以得到 $If_{vol}(\theta_v)$ 和 $If_{geo}(\theta_v)$ 的解析表达式（Jiang，2007；Qian，2009）：

$$If_{vol}(\theta_v) = a_1 + b_1 \times \exp(\theta_v/c_1) \tag{5-16}$$

$$If_{geo}(\theta_v) = a_2 + \frac{b_2}{c_2\sqrt{\pi/2}}\exp\left[-2\times\left(\frac{\theta_v - d}{c_2}\right)^2\right] \tag{5-17}$$

式中，a_1、b_1、c_1、a_2、b_2、c_2 和 d 的拟合值如表 5-2 所示。

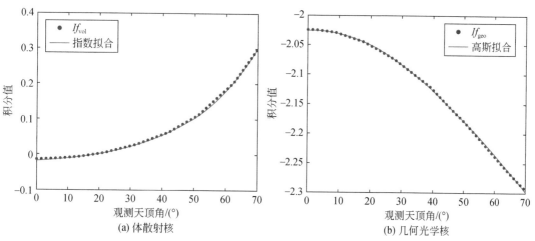

图 5-1 体散射核 $If_{vol}(\theta_v)$ 和几何光学核 $If_{geo}(\theta_v)$ 的拟合结果

纵轴为根据太阳天顶角和相对方位角的积分值

表 5-2 系数 a_1、b_1、c_1、a_2、b_2、c_2 和 d 的拟合值

系数	a_1/a_2	b_1/b_2	c_1/c_2	d	RMSE	R^2
$If_{vol}(\theta_v)$	−0.03236	0.01409	22.11	—	0.00125	0.9998
$If_{geo}(\theta_v)$	−2.677	106.9	131.1	2.016	0.0007505	0.9999

一旦已知中红外通道的比辐射率 $\varepsilon_i(\theta_v)$，热红外通道（SEVIRI 通道 9 和通道 10）的方向比辐射率 $\varepsilon_j(\theta_v)$ 可由式（5-18）计算得到

$$\varepsilon_j(\theta_v) = \frac{\varepsilon_i(\theta_v)^{n_i/n_j}}{\text{TISI}_{i,j}^{\text{night}}} \tag{5-18}$$

二、大气校正

为了构建两通道的 TISI，本研究使用欧洲中期天气预报中心（European Centre for medium-Range Weather Forecasts，ECMWF）提供的数据，结合大气辐射传输模型 MODTRAN 对 MSG-SEVIRI 数据进行大气校正。

（一）MODTRAN 设置

MODTRAN 输入参数包括数字高程模型 DEM 数据、能见度、大气廓线和卫星观测几何等参数。本研究使用美国地质勘探局（United States Geological Survey，USGS）提供的全球 GTOPO30 DEM 数据来确定地表到卫星之间的大气路径长度。GTOPO30 由 USGS 地球资源观测系统数据中心与多家机构合作，于 1996 年完成，整个数据集生产时间将近 3 年。全球 GTOPO30 DEM 数据的水平方向分辨率约为 30″（大约 1km）。该 DEM 数据来源于多种栅格和矢量地形数据源。为了分发方便，该数据集被切割成 30 块，数据总体质量控制在 90% 置信水平上，精度为 ±60m（李爽和姚静，2005）。

本研究从欧洲中期天气预报中心提供的空间分辨率为 0.25° 的大气廓线数据中提取每层的温度、相对湿度和重力位势三个参数，作为 MODTRAN 的输入。但是 MODTRAN 要求输入实际高度而非位势，因此，需要将位势转换为实际高度。位势与实际高度之间转换关系如下：

$$H = \frac{\text{GP} \times R}{1000 \times g_{\eta,0} \times R - \text{GP}} \tag{5-19}$$

其中

$$g_{\eta,0} = 9.80616 \times (1.0 - 2.6373 \times 10^{-3}) \times \cos(2\eta) + 5.9 \times 10^{-6} \times \cos^2(2\eta) \tag{5-20}$$

式中，$g_{\eta,0}$ 为在纬度 $\eta°$ ~ 0° 之间的重力加速度；GP 为位势；R 为地球平均半径，约 6371.23km。

本研究将 MODTRAN 输入文件中的能见度统一设置为 23km。SEVERI 观测几何数据可以由欧洲气象卫星应用组织开发的 SEVIRI 预处理工具箱（SEVIRI preprocessing toolbox，SPT）计算得到。MODTRAN 要求输入传感器高度上的观测天顶角，因而本研究需要将地面观测天顶角转换到 100km 处的观测天顶角（在 MODTRAN 中，假定大气层顶为 100km），转换公式为

$$\text{VZA}_{100\text{km}} = 180 - \arcsin\left[R \times \sin(\text{VZA}_G)/(R+100)\right] \tag{5-21}$$

式中，$\text{VZA}_{100\text{km}}$ 为 100km 处的观测天顶角；VZA_G 为地面观测天顶角；R 为地球平均半径。

根据上述设置，可以使用 MODTRAN 模拟得到空间分辨率为 0.25° 的大气透过率、大气上行和下行辐射以及太阳直射辐照度等数据。基于大气透过率和大气上行辐射，就可以

得到地表辐亮度数据，完成 SEVIRI 数据的大气校正。图 5-2 是 30° N ~ 45° N，15° W ~ 15° E 区域，在 2009 年 8 月 22 日 12：00 UTC[①]，SEVIRI 通道 9 的大气透过率、大气上行辐射、大气下行辐射以及 SEVIRI 通道 4 的太阳直射辐照度。

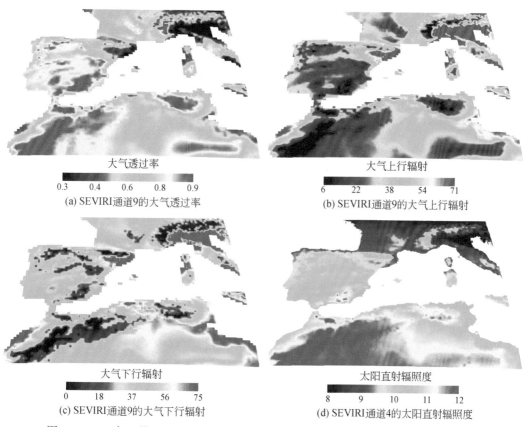

(a) SEVIRI通道9的大气透过率

(b) SEVIRI通道9的大气上行辐射

(c) SEVIRI通道9的大气下行辐射

(d) SEVIRI通道4的太阳直射辐照度

图 5-2　2009 年 8 月 22 日 12：00 UTC 30° N ~ 45° N，15° W ~ 15° E 区域的大气参数

（二）中红外和热红外通道数据的大气校正

ECMWF 每天只提供四个 UTC 时刻（0：00，6：00，12：00，18：00）、空间分辨率为 0.25° 的大气廓线，其与 SEVIRI 数据相比较，ECMWF 的大气数据具有较低的时间和空间分辨率，对于非 0：00，6：00，12：00，18：00 UTC 时刻获取的影像，没有对应的大气廓线可用。为了解决这个问题，由于中红外通道的数据对大气水汽含量变化的敏感性较低，本研究采用最临近时刻的大气廓线对非 0：00，6：00，12：00，18：00UTC 时刻获取的 SEVIRI 数据进行大气校正，并且从 0：00UTC 开始，每隔两小时使用 MODTRAN 计算一次大气参数，以加快大气校正的速度，如 2：00UTC 的大气参数由 0：00UTC 的大气廓线数据计算而来，而 4：00UTC 的大气参数由 6：00UTC 的大气廓线数据计算而来，以此类推。在大气校正过程中，具体操作方式是 0：00 ~ 1：00UTC 的 SEVIRI 图像采用 0：

---

① 协调世界时。

00UTC 的大气参数；1：00 ~ 3：00UTC 的 SEVIRI 图像采用 2：00UTC 的大气参数，以此类推。另外，为了解决 ECMWF 低空间分辨率的问题，本研究使用空间双线性插值的方法来获得 SEVIRI 每个像元的大气参数（大气透过率、大气上行辐射等）。

SEVIRI 中红外通道拥有较宽的光谱范围（大约 1.0μm），其光谱变化很强（Nerry et al., 2004），使用式（5-22）和式（5-23）来表示传感器接收到的辐射能将会导致较大的误差：

$$L_i(T_i,\theta_v) = \tau_i(\theta_v)R_i(T_{g,i},\theta_v) + L_{atm\uparrow,i}(\theta_v) \tag{5-22}$$

$$R_i(T_{g,i},\theta_v) = \varepsilon_i(\theta_v)L_i(T_s) + [1-\varepsilon_i(\theta_v)]L_{atm\downarrow,i} + \rho_{b,i}(\theta_v,\theta_s,\varphi)E_{sun}(\theta_s) \tag{5-23}$$

Jiang（2007）引入了与温度相关的通道平均大气透过率，表达式如下所示：

$$\tau_4(\theta_v,T_{g,4}) = \frac{\int_0^\infty f_4(\lambda)R(\theta_v,T_{g,4},\lambda)\tau(\theta_v,\lambda)d\lambda}{\int_0^\infty f_4(\lambda)R(\theta_v,T_{g,4},\lambda)d\lambda} \tag{5-24}$$

式中，$f_4(\lambda)$ 为 SEVIRI 通道 4 的光谱响应函数。

因此，式（5-22）可以写成如下形式：

$$L_4(\theta_v,T_4) = \tau_4(\theta_v,T_{g,4})R_4(\theta_v,T_{g,4}) + L_{atm\uparrow4}(\theta_v) \tag{5-25}$$

Jiang（2007）发现 $T_{g,4}$ 的取值对 $\tau_4(\theta_v,T_{g,4})$ 的影响较小，当 $T_{g,4}$ 增加 10K，$\tau_4(\theta_v,T_{g,4})$ 仅改变 0.6%。因此，可以利用 $T_{g,4}$ 的估算值完成中红外通道的大气校正。在实际应用中，通过如下三个步骤可以得到中红外通道地表辐亮度数据：

（1）使用式（5-23）估算通道 4 地表亮度温度 $T_{g,4}$；

（2）使用式（5-24）估算通道 4 平均透过率 $\tau_4(\theta_v,T_{g,4})$；

（3）根据 $\tau_4(\theta_v,T_{g,4})$，使用式（5-25）计算得到 $R_4(\theta_v,T_{g,4})$。

对于在 UTC 时刻 5：57，11：57，15：57 和 23：57 获取的热红外通道 SEVIRI 数据，可以使用 ECMWF 的大气廓线通过 MODTRAN 计算得到的大气参数来消除大气影响。对于其他时刻的 SEVIRI 热红外通道数据，其对于大气水汽含量的变化较敏感，使用最邻近的大气廓线进行大气校正时会引起较大的误差。因此，本研究结合温度日变化（diurnal temperature cycle, DTC）模型完成 SEVIRI 热红外通道的大气校正。

Göttsche 和 Olesen（2001）与 Schädlich 等（2001）指出，在白天无云条件下，地表温度随着当地太阳辐照度变化而变化；太阳落山后，地表温度呈自然状态衰减，由牛顿冷却定律可知，这个自然衰减的过程满足指数分布。此 DTC 模型由两部分组成：余弦形式和指数形式。其中余弦形式是用于描述白天温度变化状况，而指数形式则是用于描述夜间温度的变化状况。它的主要功能是拟合时间域上的温度变化，插值得到有云或数据缺失地区的温度数据。日出后到下次日出前，地表温度的变化可以用 DTC 模型描述如下：

$$\begin{cases} T_{day}(t) = a + b\cos[\beta(t-t_d)], & t \leq t_s \\ T_{night}(t) = c + d\exp[\alpha(t-t_s)], & t > t_s \end{cases} \tag{5-26}$$

其中

$$\begin{cases} d = -\dfrac{b\beta\sin[\beta(t_s-t_d)]}{\alpha} \\ c = a + b\cos[\beta(t_s-t_d)] - d \end{cases} \tag{5-27}$$

式中，a 为平均温度；b 为振幅；β 为角频率；t_d 为一天内温度达到最大时的时刻；t_s 为一天内温度开始衰减的时刻；α 为衰减系数。

DTC 模型共有 6 个未知参数，但 ECMWF 仅提供了 4 个时刻的大气廓线数据，即用于拟合式（5-26）的地表亮度温度数据仅有 4 个值，因此为了减少未知参数使得方程可解，本研究假设星上亮度温度的日变化也可以使用上述的 DTC 模型来刻画，即假设星上亮度温度与地表亮度温度曲线都满足式（5-26）。张霄羽（2008）指出，描述地表温度日周期变化滞后于太阳最大辐射的时间参数 t_d 主要取决于土壤水分的含量，而卫星上亮度温度拟合的参数 t_d 与地表亮度温度拟合的参数 t_d 相比较，两者之差主要取决于大气的水汽含量。大气中的水汽含量相比于地表中的水汽含量较小，因此本研究假定星上 DTC 和地表 DTC 模型中，t_d 和 t_s 保持不变。但是受云的影响或者某些地区日出较晚影响，在有些地区只有三个地表亮度温度可以参与拟合 DTC 模型，或者即使有四个值可以参与拟合，但是仅仅有一个值位于 $t \leqslant t_s$ 区间内，无法合理、有效地拟合地表 DTC 模型。在这种情况下，本研究进一步假设 DTC 参数 α 保持不变。另外，由于日出前后温度抖动较大，为了提高 DTC 拟合精度，在拟合过程中，剔除日出前后两小时以内的星上亮度温度数据，以提高大气校正的精度。

因此，实际中应首先使用星上亮度温度数据拟合出式（5-26）中的 6 个参数，进而将拟合得到的 t_d 和 t_s 或 α 作为已知量，并结合已有的 4 个 UTC 时刻（5：57，11：57，17：57 和 23：57）的 SEVIRI 地表亮度温度拟合地表温度日变化曲线，可以计算出任一时刻的地表亮度温度或辐亮度值。热红外大气校正流程图如图 5-3 所示。

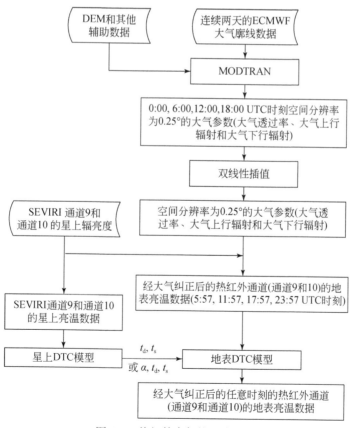

图 5-3　热红外大气校正流程图

　　本研究从 2009 年 8 月 22 日 SEVIRI 通道 9 的影像中选取 2 个不同地表覆盖类型的区域（A、B，其地表覆盖类型分别为灌木和农田）为研究目标，对星上亮度温度拟合参数同地表亮度温度拟合参数进行对比。基于星上亮度温度和地表亮度温度拟合得到的 DTC 模型系数分别如表 5-3 和表 5-4 所示。对于测试点 A，在拟合地表 DTC 模型时，假设星上和地表 DTC 模型具有相同的 t_d 和 t_s；而对于测试点 B，受云的影响，仅有三个时刻的地表亮度温度数据可用于拟合地表 DTC 模型，此时，进一步假设星上和地表 DTC 模型具有相同的 t_d、t_s 和 α。图 5-4 给出了 DTC 开展 SEVIRI 通道 9 大气校正的结果。从图 5-4 中可以看出，黑色点为星上亮度温度值测量值，绿色的线为其拟合值，蓝色的点为地表亮度温度测量值，玫瑰色的线为地表亮度温度拟合值；黑色的线为星上亮度温度拟合误差，误差在 1K 精度以内，这表明 DTC 模型在拟合大气层顶亮度温度上显示出良好的性能。因此，使用 DTC 模型可以对任一其他时刻获取的 MSG2-SEVIRI 热红外通道进行大气校正。这里所开展的大气校正工作仅是将星上辐亮度数据校正到地表，即校正后的辐亮度数据中包含大气下行辐射、比辐射率和温度三个量。

表 5-3　基于星上亮度温度拟合得到的 DTC 模型参数

测试点	a	b	β	t_d	t_s	α
A（0.795°W, 39.20°N）	19.183	15.576	0.271	12.675	15.83	−0.226
B（7.31°W, 33.20°N）	14.859	29.549	0.245	12.781	16.161	−0.331

表 5-4　基于地表亮度温度拟合得到的 DTC 模型参数

测试点	a	b	β	t_d	t_s	α
A（0.795°W, 39.20°N）	26.253	15.02	0.32	12.675	15.83	−0.2676
B（7.31°W, 33.20°N）	31.678	24.15	0.346	12.781	16.161	−0.331

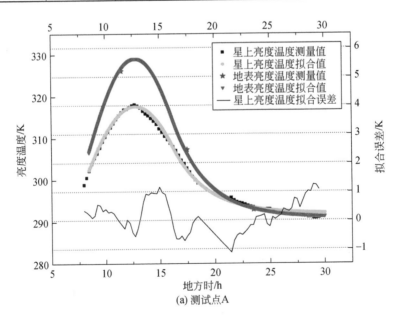

(a) 测试点 A

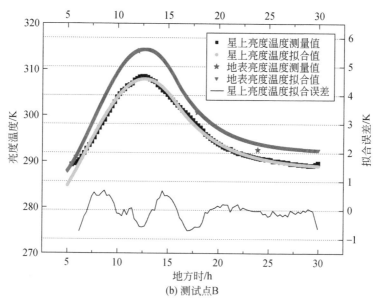

(b) 测试点B

图 5-4　2009 年 8 月 22 日 SEVIRI 通道 9 影像中地表覆盖类型分别为灌木和农田的 2 个
研究区使用 DTC 模型进行大气校正的结果图

　　但是，Jiang（2007）假定使用星上亮度温度数据拟合得到的 DTC 参数 β 和 t_s 与使用地表亮度温度数据拟合得到的 β 和 t_s 一致。为了说明本研究在 DTC 模型校正大气影响方面的改进，本研究从 2008 年 3 月 2 日的 SEVIRI 数据中选择位于 6.378° E，33.225° N 的区域作为试验区，分别使用不同的假设条件来拟合地表 DTC 模型。在这个试验区，虽然有 4 个地表亮度温度可以用来拟合地表 DTC 模型，但是仅仅有一个地表亮度温度位于 $t \leqslant t_s$ 区间内。当假定 β 和 t_s 为已知参数拟合地表 DTC 模型时，拟合得到的 $t_d = 9.85$，地表日变化曲线如图 5-5 中的玫瑰色的线条表示。很显然，这种变化趋势是不合理的。当假定 t_d、t_s 和 α 不变时，拟合得到的地表 DTC 变化曲线如图 5-5 中绿色的线所示，较符合温度日变化的趋势，且均方根误差在 1K 以内。这表明，本研究在 DTC 拟合方面的改进比较合理。

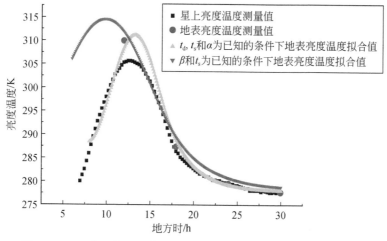

图 5-5　2008 年 3 月 2 日位于 6.378° E，33.225° N 试验点的各数据

综上所述，使用基于 TISI 算法反演 SEVIRI 地表比辐射率主要分为以下三个步骤：①数据准备，使用 SPT 工具箱提取 MSG2-SEVIRI 辐射亮度数据，并计算 SEVIRI 观测几何数据；下载 SEVIRI 云掩摸数据；准备水/陆边界图以及 MODTRAN 需要输入的一些辅助数据、DEM 和能见度数据等。②大气校正，使用 ECMWF 数据，结合 DTC 模型，使用 MODTRAN 校正 SEVIRI 中红外和热红外通道的大气影响。③地表比辐射率反演，假定白天和晚上 TISI 相等，借助于基尔霍夫定律和二向发射率 RossThick-LiSparse-R 模型，基于 TISI 算法反演地表比辐射率。地表比辐射率反演流程如图 5-6 所示。

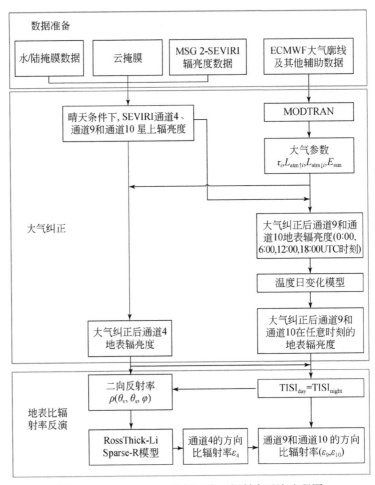

图 5-6　MSG2-SEVIRI 数据地表比辐射率反演流程图

在实际反演中，SEVIRI 中红外和热红外通道数据经过大气校正，通过几个步骤可以得到地表比辐射率：

（1）由式（5-3）可以看出，为了反演得到 SEVIRI 中红外通道（通道 4）的地表比辐射率，需要输入的一个关键参数是太阳直射辐照度。尽管太阳直射辐照度可以采用 MODTRAN 每 15min 模拟一次得到，但为了加快程序运行速度、简化数据处理过程，本研究假设太阳直射辐照度参量满足余弦函数，采用下式拟合得到：

$$E_{sun}(t) = a + b \times \cos\left[\alpha \times (t-12)\right] \tag{5-28}$$

式中，t 为当地太阳时；a、b、α 为未知系数，可以通过 UTC 时刻 6：00，8：00，10：00，12：00，14：00，16：00，18：00 等 7 个时刻的太阳直射辐照度的非线性拟合回归得到。然后，通过式（5-28）可以得到任一时刻的太阳直射辐照度。

（2）SEVIRI 每 15min 提供一景图像，因此假定 $C^{day}/C^{night} = 1.0$，使用式（5-3）可以反演得到一系列不同太阳高度角下中红外通道地表双向反射率 $\rho\ (\theta_v, \theta_s, \varphi)$。

（3）根据双向反射率 RossThick-LiSparse-R 模型和基尔霍夫定律，使用式（5-5）反演中红外通道（通道 4）的方向比辐射率。值得注意的是，在使用最优化算法 Levenberg-Marquardt 拟合 RossThick-LiSparse-R 模型核函数系数 K_{iso}，K_{vol} 和 K_{geo} 的时候，如果双向反射率 $\rho\ (\theta_v, \theta_s, \varphi)$ 的测量值和模拟值间的差异大于 $2 \times$RMSE 的时候，则剔除这个测量值，重新拟合，直到参与拟合的测量值数目减少 30% 为止。但是在 Jiang（2007）文献中，如果晴空观测总数超过 7 次，则可以反演地表方向性反射率；而在晴空观测总数小于 7 的情况不予以反演。这会导致 RossThick-LiSparse-R 模型对参与拟合的双向反射率的误差较敏感，使得拟合得到的各参数 K_{iso}，K_{vol} 和 K_{geo} 为局部最优解而非全局最优解。

（4）考虑到晚上的数据受云干扰的地区较少，并且在 0：00UTC 时刻存在 ECMWF 的大气廓线数据，可以更准确地对图像进行大气校正。因此本研究利用在 0：00UTC 时刻获取的 SEVIRI 数据来构建 TISI 指数，根据通道 4 的地表比辐射率，分别使用式（5-18）反演得到 SEVIRI 通道 9 和通道 10 的地表比辐射率。在 Jiang（2007）文献中，通道 10 的比辐射率是根据通道 9 的比辐射率使用式（5-18）反演得到的，根据误差传递理论可知，这会导致通道 9 的比辐射率误差传播至通道 10。

第二节　研究区概况

本研究的研究区包括伊利比亚半岛和马格里布部分地区，范围为 30° N ~ 45° N，15° W ~ 15° E（图 5-7）。伊利比亚半岛位于欧洲西南角，东部、东南部临地中海，西边是大西洋，北临比斯开湾；它包括葡萄牙和西班牙，占地 580km²；气候类型主要分为两种，

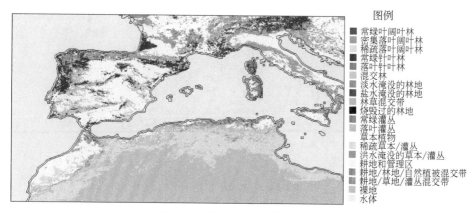

图 5-7　研究区的地表覆盖类型

即位于北部的温度气候和中部、南部的地中海气候（Gomes，2007）；由欧盟环境与可持续发展研究所（Institute for Environment and Sustainability，IES）提供的土地利用图来看，伊利比亚半岛的地表覆盖类型主要包括耕地和人工管理区（约53%）、树木（约35%）、灌木（约9%）。马格里布地区是指埃及以西广袤的北非地区，是位于地中海和撒哈拉沙漠之间的狭长地带，大体包括今天的利比亚、突尼斯、阿尔及利亚和摩洛哥；地表覆盖类型主要包括灌木（约9%）、草本植物（约26%）和裸土（约26%）；气候模式主要分为北部的地中海气候和南部的撒哈拉沙漠。

第三节　　地表比辐射率反演结果

利用欧洲气象卫星应用组织开发的 SEVIRI 预处理工具箱从 MSG Level 1.5 产品中提取出 SEVIRI 通道4、通道9和通道10 的辐亮度数据，下载并处理云掩膜数据，准备大气校正所需的数据（ECMWF 大气廓线数据、DEM 数据、地理经纬度数据、SEVIRI 观测几何等数据），将本研究改进后的地表比辐射率方法应用于 2009 年 8 月 22 日的 SEVIRI 数据，反演得到研究区的地表比辐射率。图 5-8 显示了反演得到的 SEVIRI 通道4、通道9和通道10 的地表比辐射率。受云的干扰以及反演过程中的一些条件的限制（如拟合 DTC 模型和 BRDF 模型时所需的最少测量值），导致某些地区地表比辐射率数据缺失。但是从图 5-8 中仍然可以看出，植被覆盖区域的地表比辐射率高于裸土区域的地表比辐射率。

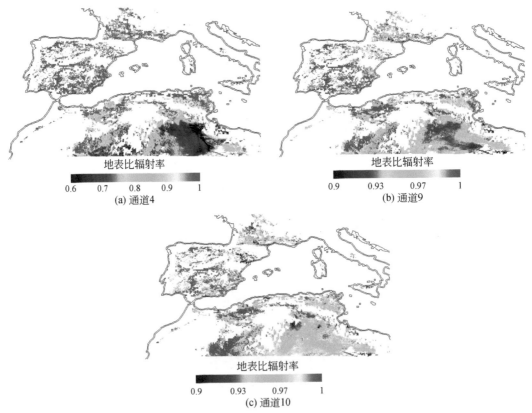

图 5-8　2009 年 8 月 22 日 SEVIRI 通道4、通道9、通道10 的地表比辐射率

　　如前所述，本研究对 Jiang（2007）提出的适用于 SEVIRI 数据的基于 TISI 的地表比辐射率反演算法在以下三方面进行了改进。

　　（1）本研究假设星上和地表 DTC 模型具有相同的拟合参数，为 t_d 和 t_s 或 α，而非 β 和 t_s。如图 5-5 所示，在拟合地表 DTC 模型时，即使有 4 个地表亮度温度可以参与拟合，但是当仅有一个地表亮度温度位于 $t \leqslant t_s$ 区间内时，不管如何假设 β 和 t_s 为已知来拟合其余 4 个参数，都得到不合理的 β 值，最终导致大气校正失败。这种情况在日出较晚的地区较显著，如 2008 年 3 月 2 日的 SEVIRI 数据（如图 5-9，经过改进，可以使用 DTC 模型进行大气校正的像元数目大大增加）。对于 2009 年 8 月 22 日的数据而言，在 11：12 UTC 时刻，使用本研究提出的大气校正方法得到的地表亮度温度（称为 LSBT1）和使用 Jiang（2007）提及的方法反演得到的地表亮度温度（称为 LSBT2）之间的差异，以及其相应的直方图如图 5-10 所示。值得注意的是，在大部分情况下，LSBT1 较 LSBT2 要低，它们之间的差异在 1K 以内。

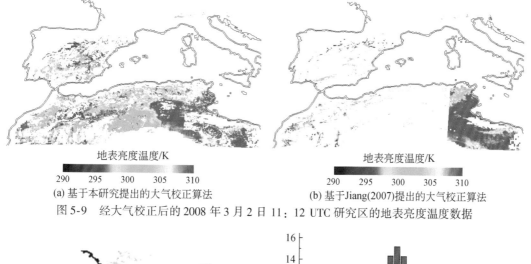

图 5-9　经大气校正后的 2008 年 3 月 2 日 11：12 UTC 研究区的地表亮度温度数据

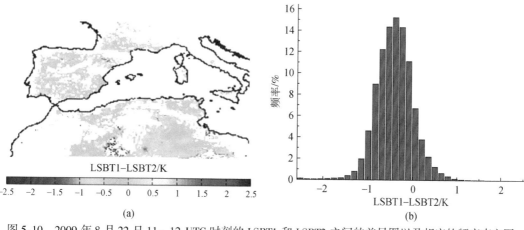

图 5-10　2009 年 8 月 22 日 11：12 UTC 时刻的 LSBT1 和 LSBT2 之间的差异图以及相应的频率直方图
LSBT1 为基于本研究提出的大气校正算法得到的地表亮度温度，LSBT2 为基于 Jiang（2007）
提出的大气校正算法得到的地表亮度温度

　　（2）本研究根据双向反射率 RossThick-LiSparse-R 模型和基尔霍夫定律，使用式（5-5）反演中红外通道（通道 4）的方向比辐射率。在拟合得到 RossThick-LiSparse-R 模型核

函数系数 K_{iso}、K_{vol} 和 K_{geo} 的过程中，如果双向反射率的测量值和模拟值之间的差异大于 $2\times$ RMSE，则剔除此测量值，重新拟合，直到参与拟合的测量值个数下降 30%，停止剔除（称为策略 1）。但是 Jiang（2007）曾将参与拟合的测量值最少的个数设为 7（称为策略 2），这会造成双向反射率模型对参与拟合的测量值的误差较敏感，进而严重地影响反演中红外通道以及热红外通道的地表比辐射率精度。为了说明本研究在这方面的改进，本研究使用同样的双向反射率数据（2009 年 8 月 22 日的双向反射率）分别使用策略 1 和策略 2 反演 SEVIRI 中红外通道（通道 4）的地表比辐射率，反演结果分别如图 5-11（a）和图 5-11（b）所示。可以看出，改进算法后，在一些地区，如图 5-11 中所示的两个小研究区（红框所示），一些反演异常的比辐射率（图 5-11 中黑色像元）大大减少。

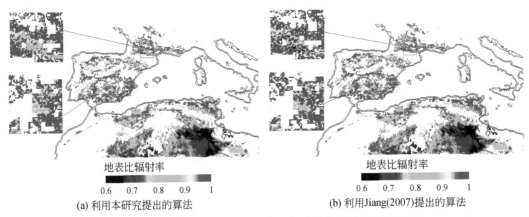

图 5-11　2009 年 8 月 22 日的地表双向反射率数据使用不同算法
反演得到的 SEVIRI 通道 4 的地表比辐射率图

（3）本研究中 SEVIRI 通道 10 的地表比辐射率由通道 4 的地表比辐射率反演而来（称为 $LSE1_{10}$），而 Jiang（2007）提出通道 10 的地表比辐射率由通道 9 的地表比辐射率反演得到（称为 $LSE2_{10}$）。图 5-12 显示了 2009 年 8 月 22 日 $LSE1_{10}$ 和 $LSE2_{10}$ 之间的差异图以及其相应的频率直方图。可以看出，大部分情况下，差异在 0.005 以内。

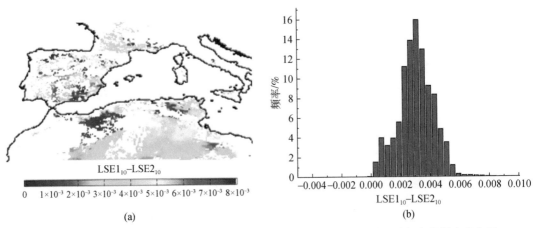

图 5-12　2009 年 8 月 22 日 11：12 的 $LSE1_{10}$ 和 $LSE2_{10}$ 之间的差异图以及相应的频率直方图
$LSE1_{10}$ 和 $LSE2_{10}$ 分别为由通道 4 和通道 9 反演得到的通道 10 的地表比辐射率

　　由上所述，本研究对地表比辐射率反演算法的改进是有效且合理的。为了进一步定量化分析使用改进后的反演算法所得到的地表比辐射率（称为 SEVIRI LSE1）和使用 Jiang（2007）提出的反演算法所得到的地表比辐射率（称为 SEVIRI LSE2）之间的差异，以 2009 年 8 月 22 日的反演结果为例，计算 SEVIRI 通道 4、通道 9 和通道 10 的 SEVIRI LSE1 和 SEVIRI LSE2 以及其直方图（图 5-13）。可以看出，SEVIRI LSE1 和 SEVIRI LSE2 之间的差异在通道 4 表现显著；对于通道 4 而言，大约 85% 的差异集中在 0.05 以内，而对于通道 9 和通道 10 而言，大约 85% 的差异集中在 0.02 以内。

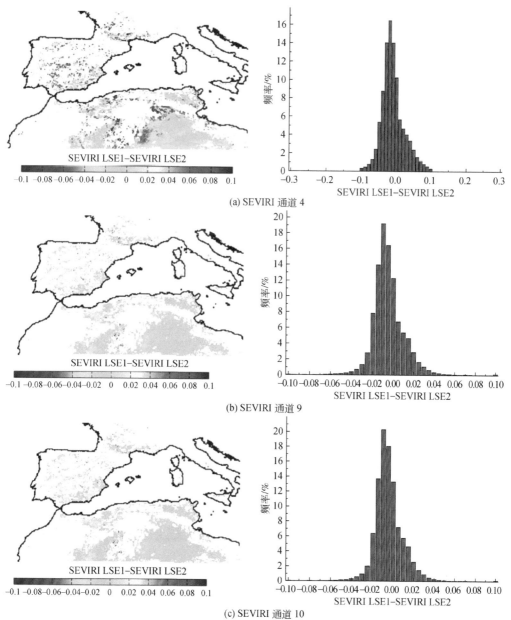

图 5-13　2009 年 8 月 22 日 SEVIRI LSE1 和 SEVIRI LSE2 之间的差异以及相应的频率直方图
SEVIRI LSE1 为利用本研究提出的算法反演得到的地表比辐射率，SEVIRI LSE2 为利用 Jiang（2007）
提出的算法反演得到的地表比辐射率

第六章 MSG2-SEVIRI 地表温度反演

地表温度是热红外遥感反演中的关键参数之一，是区域和全球尺度上陆地表层物理过程的一个关键参数，是地–气系统研究能量平衡的关键因子，它综合了所有地–气相互作用和能量交换的结果。自 1990 年以来，国内外科研工作者一直探索利用热红外遥感快速、大尺度、精确地获取地表温度。分裂窗算法反演地表温度是应用最广的地表温度反演算法。因此，本章将使用分裂窗算法针对 MSG2-SEVIRI 数据反演地表温度。

第一节 分裂窗算法

分裂窗算法利用在大气窗口 $10 \sim 13\mu m$ 中，两个相邻通道（一个在 $11\mu m$ 附近，另一个在 $12\mu m$ 附近）上大气吸收作用的不同，通过两通道测量值的各种组合来剔除大气影响。

Becker（1987）、Becker 和 Li（1990a）从理论上证明了用分裂窗算法反演地表温度的可行性，并且第一次从理论上给出了使用分裂窗算法时大气和比辐射率对地表温度反演的影响。地表温度反演算法的一般形式可以表示为

$$T_s = a(\theta, \varepsilon_i, \varepsilon_j, \text{atm}) T_i + b(\theta, \varepsilon_i, \varepsilon_j, \text{atm}) T_j + c(\theta, \varepsilon_i, \varepsilon_j, \text{atm}) \tag{6-1}$$

式中，ε_i 和 ε_j 为通道 i（$11\mu m$ 附近）和通道 j（$12\mu m$ 附近）的比辐射率；T_i 和 T_j 为通道 i（$11\mu m$ 附近）和通道 j（$12\mu m$ 附近）的大气层顶亮度温度；系数 a，b，c 不仅与两通道的地表比辐射率有关，而且还与大气状况 atm（主要是水汽含量）和观测角度 θ 有关。

Wan 和 Dozier（1996）在 Becker 和 Li（1990a）的研究基础上提出了一种地表温度反演的普适性分裂窗算法。该算法是通过把大气水汽含量、底层大气温度和地表温度的变化范围分成几段来优化分裂窗算法。实验证明，这种方法不仅提高了地表温度反演的精度，而且大大降低了它对地表比辐射率不确定性的灵敏度。算法描述如下：

$$T_s = A_0 + \left(A_1 + A_2 \frac{1-\varepsilon}{\varepsilon} + A_3 \frac{\Delta\varepsilon}{\varepsilon^2} \right) \frac{T_i + T_j}{2} + \left(B_1 + B_2 \frac{1-\varepsilon}{\varepsilon} + B_3 \frac{\Delta\varepsilon}{\varepsilon^2} \right) \frac{T_i - T_j}{2} \tag{6-2}$$

式中，ε_i 和 ε_j 为通道 i（$11\mu m$ 附近）和通道 j（$12\mu m$ 附近）的比辐射率；$\varepsilon = （\varepsilon_i + \varepsilon_j）/ 2$；$\Delta\varepsilon = \varepsilon_i - \varepsilon_j$；$T_s$ 为地表温度；T_i 和 T_j 为通道 i（$11\mu m$ 附近）和通道 j（$12\mu m$ 附近）的大气层顶亮度温度；A_0、A_1、A_2、A_3、B_1、B_2、B_3 是回归系数。

第二节 分裂窗算法系数确定

目前有两种方法可以确定式（6-2）中 A_0、A_1、A_2、A_3、B_1、B_2、B_3 这 7 个系数，一种是使用地面测量数据，另外一种是数值模拟方法。但是，在目前条件下，难以获取大量的、像元尺度的不同地表类型和大气条件下的地面测量数据，使得数值模拟方法成为一种有效地、方便地、快速地确定分裂窗系数 A_0、A_1、A_2、A_3、B_1、B_2、B_3 的方法。因此，本

研究使用 MODTRAN 大气纠正模型，结合 TIGR[①] 2000 大气数据库，模拟得到不同地表类型、不同大气状况下的 SEVIRI 星上亮度温度数据，并使用最小二乘法拟合得到分裂窗系数 A_0、A_1、A_2、A_3、B_1、B_2、B_3。

　　TIGR 2000 大气廓线数据库（http：//ara. lmd. polytechnique. fr/index. php？ page = tigr，2019/12/30）中包括 2311 条大气廓线。在模拟数据时，剔除受到云干扰的大气廓线后［对于一个给定的大气廓线，如果廓线的某一层的相对湿度大于 90%，则认为这条廓线受云干扰（Tang et al.，2008）］，将 TIGR 2000 数据库中的 1413 条无云大气廓线作为MODTRAN 输入参数，并通过设置不同的地表温度、比辐射率以及观测天顶角，可以模拟得到不同地表类型、不同大气状况、不同观测几何下的 SEVIRI 通道 9 和通道 10 的星上亮度温度。这 1413 条大气廓线的水汽含量和大气底层温度的关系如图 6-1 所示。可以看出，大气水汽含量随着底层温度的增加而增加，底层大气温度 T_{air} 在 231 ~ 315K 之间变化，大气水汽含量在 0. 06 ~ 6.44g/cm² 之间变化。

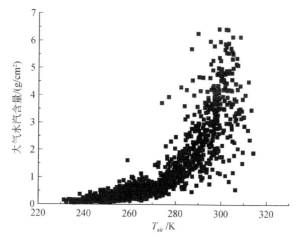

图 6-1　TIGR 2000 数据库中 1413 条无云大气廓线的水汽含量和底层大气温度的关系图

　　为了使模拟数据更加具有代表性，地表温度随着大气底层温度的变化而变化。当 T_{air} > 280K，则认为是比较热的大气，此时地表温度的变化范围为 $T_{air}-5$ ~ $T_{air}+15$；当 T_{air} < 280K，则认为是比较冷的大气，地表温度的变化范围为 $T_{air}-5$ ~ $T_{air}+5$；地表温度的变化步长为 5K。另外，ε 在 0.9 ~ 1 之间变化，间隔为 0.02；$\Delta\varepsilon$ 在 -0.025 ~ 0.015 之间变化，间隔为 0.005。考虑到观测天顶角对辐射传输模拟的影响，本研究设置了 11 个观测天顶角：0°、10.16°、20.33°、30.52°、35.63°、40.76°、45.91°、51.08°、56.31°、61.6°、67°。对于每个观测角度而言，均可以模拟得到 351811 个亮度温度。

　　为了提高地表温度反演精度，针对每个观测角度，将大气水汽含量（water vapor content，WVC）、地表比辐射率 ε 以及地表温度 LST 分段，WVC 分为 6 组：0 ~ 1.5g/cm²、1 ~ 2.5g/cm²、2 ~ 3.5g/cm²、3 ~ 4.5g/cm²、4 ~ 5.5g/cm² 和 5 ~ 6.5g/cm²；ε 分为 2 组 0.9 ~ 0.96 和 0.94 ~ 1；LST 分为 5 组：≤280K、275 ~ 295K、290 ~ 310K、305 ~ 325K 和

≥320K。对于每个小区间，分裂窗系数 A_0、A_1、A_2、A_3、B_1、B_2、B_3是常数并且可以通过线性回归得到。分裂窗算法系数确定的流程如图 6-2 所示。

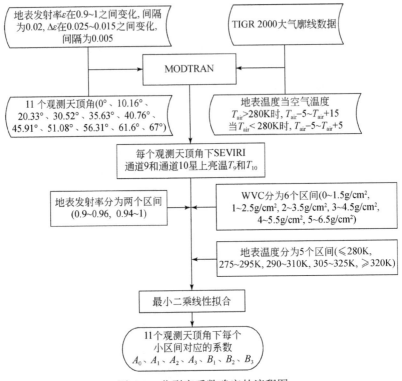

图 6-2　分裂窗系数确定的流程图

实际应用中，地表温度是通过如下两个步骤估算的。首先，使用 WVC 和 ε 分段的分裂窗系数 A_0、A_1、A_2、A_3、B_1、B_2、B_3，估算出大约的地表温度，然后根据这个估算的地表温度位于的区间，再使用 WVC、ε 以及 LST 都进行分段拟合得到的分裂窗系数反演得到更精确的地表温度。

图 6-3 显示了 LST 为 290～310K，WVC 为 1～2.5g/cm^2，ε 分别为 0.9～0.96 和

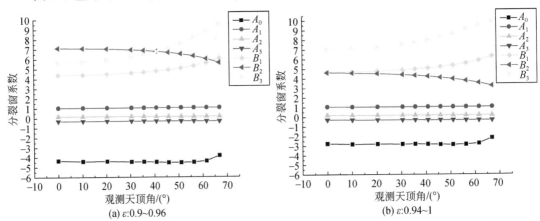

图 6-3　区间 LST 为 290～310 K，WVC 为 1～2.5g/cm^2，ε 分别为 0.9～0.96 和 0.94～1 的分裂窗系数

0.94～1 时 11 个观测天顶角下的分裂窗系数。可以看出，观测天顶角对各分裂窗系数影响较小，因此其他观测天顶角下的分裂窗系数可以通过线性插值得到。

图 6-4 中给出了 11 个观测天顶角下，不同 WVC、ε 以及 LST 区间的 RMSE。可以看出，RMSE 随着观测天顶角和 WVC 的增加而增加，并且当 WVC 小于 4.25 g/cm² 并且观测

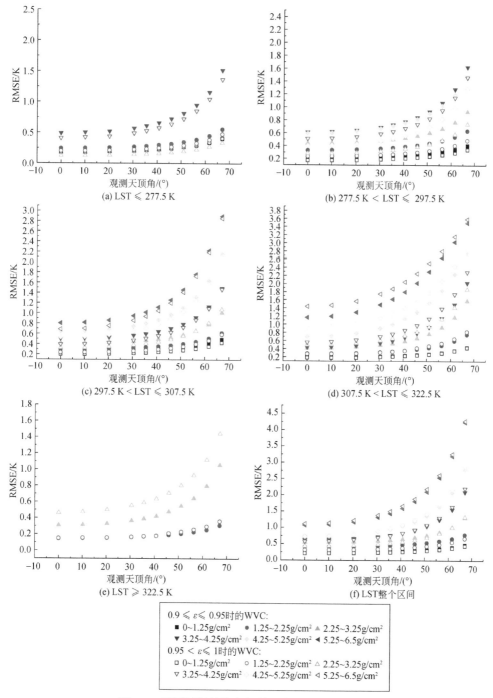

图 6-4　不同区间的均方根误差随观测角度的变化

天顶角小于30°时，RMSE 小于1 K；同样，观测天顶角小于30°并且 LST 小于307.5 K 时，RMSE 也保持在1 K 以内。

第三节 敏感性分析

地表温度的估算误差由很多种因素引起，如地表比辐射率的不确定性、大气水汽含量的不确定性、仪器噪声以及算法本身的误差。因此，本研究利用观测天顶角为0°的模拟数据来分析地表温度反演算法的敏感性。参数敏感性分析是先假定某一参数有一微小误差，其他参量不变或在指定的范围内变化，分析不同情况下这一误差带来的反演结果变化，其数学表达式如下所示：

$$\delta LST = LST\ (X+\delta X)\ -LST\ (X) \tag{6-3}$$

式中，δLST 为反演得到的地表温度的误差；X 为不确定因素的值；δX 为 X 的误差；LST $(X+\delta X)$ 和 LST (X) 分别为不确定因素为 $X+\delta X$ 和 X 反演得到的地表温度。

一、地表比辐射率的敏感性

根据式（6-2）可知，地表比辐射率的不确定性导致的地表温度的误差（δLST_1）为

$$\delta LST_1 = \sqrt{\alpha^2 \delta \left(\frac{1-\varepsilon}{\varepsilon}\right)^2 + \beta^2 \delta \left(\frac{\Delta\varepsilon}{\varepsilon^2}\right)^2} \tag{6-4}$$

其中

$$\alpha = A_2 \frac{T_9+T_{10}}{2} + B_2 \frac{T_9-T_{10}}{2} \tag{6-5}$$

$$\beta = A_3 \frac{T_9+T_{10}}{2} + B_3 \frac{T_9-T_{10}}{2} \tag{6-6}$$

为了进一步分析 $(1-\varepsilon)\ /\varepsilon$ 和 $\Delta\varepsilon/\varepsilon^2$ 对地表温度反演的影响，选择两种具有代表性的模型数据进行分析。一种是在比较干的大气条件下模拟得到的星上亮度温度（T_9 和 T_{10}），其中 WVC $\in$ ［0g/cm^2，1.25g/cm^2］，$\varepsilon \in$ ［0.95，1］和 LST $\in$ ［297.5K，307.5K］；另外一种是在比较湿润的大气条件下模拟得到的星上亮度温度，其中 WVC $\in$ ［5.25g/cm^2，6.5g/cm^2］，$\varepsilon \in$ ［0.95，1］和 LST $\in$ ［297.5K，307.5K］。使用这两种情况下的星上亮度温度数据，以及相应的分裂窗系数 A_2，A_3，B_2 和 B_3，并用式（6-4）可以计算得到 α 和 β。表6-1 中给出了 α 和 β 的均值和方差。

表6-1 区间 $\varepsilon \in$ ［0.95，1］，LST $\in$ ［297.5K，307.5K］，WVC $\in$ ［0g/cm^2，1.25g/cm^2］和 WVC $\in$ ［5.25g/cm^2，6.5g/cm^2］ 的 α 和 β 值

条件	$\varepsilon \in$ ［0.95，1］，LST $\in$ ［297.5K，307.5K］			
WVC 区间	0～1.25g/cm^2		5.25～6.25g/cm^2	
变量	α	β	α	β
均值/K	50.66	−101.38	24.05	−25.97
方差/K	1.99	1.48	3.64	5.21

从表（6-1）可以得出如下结论：

（1）α 和 β 符号相反，意味着 $(1-\varepsilon)/\varepsilon$ 和 $\Delta\varepsilon/\varepsilon^2$ 的误差对地表温度的反演精度的影响起着相反的作用。

（2）对于干燥大气来说，β 的绝对值约是 α 的 2 倍，而对于湿润大气来说，β 的绝对值几乎和 α 相等。这表明，和 α 相比较，从干燥大气到湿润大气 β 对于地表温度反演的影响下降了一半。

（3）α 在干燥大气条件下的平均值约是湿润大气条件下的 2 倍，而 β 在干燥大气条件下的平均值约是湿润大气条件下的 4 倍。这表明，地表比辐射率的误差对于干燥大气条件下的温度反演影响较大。

假设 $(1-\varepsilon)/\varepsilon$ 和 $\Delta\varepsilon/\varepsilon^2$ 误差分别为 0.01，则根据表 6-1 中 α 和 β 的均值，使用式（6-4）计算得到干燥大气和湿润大气条件下，δLST_1 分别为 1.14K 和 0.35K。

二、大气水汽含量敏感性

大气水汽含量是通用分裂窗算法重要的输入参数之一，它被用来选择最佳的分裂窗系数 A_0、A_1、A_2、A_3、B_1、B_2、B_3。大气水汽含量的误差会导致分裂窗系数的误选，进而引起较大的地表温度反演误差；这也是在水汽含量分段时要保证相邻区间有 $0.5g/cm^2$ 的重叠部分的原因。在通用分裂窗算法中，如果水汽含量的误差不足以导致分裂窗系数的误选，则由水汽含量引起的温度反演误差为 0K。为了分析通用分裂窗算法对水汽含量误差的敏感性，本研究将模拟数据库中的大气水汽含量增加 20%，生成一组新的大气水汽含量数据来选择分裂窗算法系数 A_0、A_1、A_2、A_3、B_1、B_2、B_3，并重新反演地表温度，则由式（6-3）可以计算得到此水汽含量误差造成的地表温度误差 δLST_2。图 6-5 显示了由 20% 的水汽含量误差引起的地表温度误差的频率直方图。可以看到，由 20% 的大气水汽含量误差造成的地表温度误差为 -2.5K ~ 1.5K，均值为 -0.08K，方差为 0.34K；85% 以上的误差集中在 0.0 K，这表明对于 85% 以上的数据而言，20% 的水汽含量的误差不会引起分裂窗系数的误选。

三、仪器噪声等效温差（NEΔT）的敏感性

MSG2-SEVIRI 通道 9 和通道 10 的仪器噪声等效温差分别为 0.11K 和 0.16K（Freitas et al., 2010）。为了分析仪器噪声对于地表温度反演的影响，本研究将模拟得到的通道 9 和通道 10 的通道亮度温度数据分别添加均值为 0K、方差分别为 0.11K 和 0.16K 的高斯随机分布噪声，然后基于添加噪声后的模拟数据重新反演地表温度。图 6-6 显示了由噪声引起的地表温度误差频率直方图，可以看出，SEVIRI 通道 9 和通道 10 的仪器噪声引起的地表温度的误差均值为 0K，方差为 0.14K。

分裂窗算法自身的误差（δLST_r）由大气残余误差以及式（6-2）参数化过程中引入的误差引起。考虑到分裂窗算法自身的误差以及上述因子的影响，地表温度反演总误差可以由下式表示：

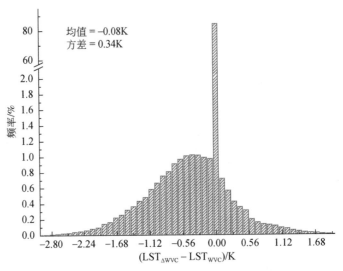

图 6-5　由 20% 的水汽含量误差引起的地表温度误差频率直方图

$LST_{\Delta WVC}$ 和 LST_{WVC} 为分别使用后水汽含量增加 20% 和原始的水汽含量确定的

分裂窗系数反演得到的地表温度

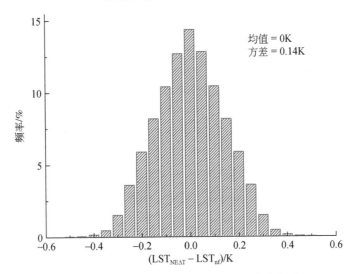

图 6-6　由噪声引起的地表温度误差频率直方图

$LST_{NE\Delta T}$ 和 LST_{nf} 分别是基于有仪器噪声和无仪器噪声的亮度温度数据

反演得到的地表温度

$$\delta LST = \sqrt{\delta LST_r^2 + \delta LST_1^2 + \delta LST_2^2 + \delta LST_3^2} \tag{6-7}$$

将图 6-4 中区间 $\varepsilon \in (0.95, 1]$，$LST \in [297.5K, 307.5K]$，$WVC \in [0g/cm^2, 1.25g/cm^2]$ 和区间 $\varepsilon \in (0.95, 1]$，$LST \in [297.5K, 307.5K]$，$WVC \in [5.25g/cm^2, 6.5g/cm^2]$ 的 δLST_r 值代入式 (6-7) 中，可以得到地表温度反演总误差 (δLST)。

对于干燥大气：　　$\delta LST = \sqrt{0.20^2 + 1.14^2 + 0.34^2 + 0.14^2} = 1.21K$

对于湿润大气：　　$\delta LST = \sqrt{0.69^2 + 0.35^2 + 0.34^2 + 0.14^2} = 0.86K$

第四节 地表温度反演结果

一、数据处理

本研究提到的分裂窗算法是在假设地表比辐射率已知的条件下才可以开展反演工作的。为了反演地表温度，就必须事先得到 SEVIRI 热红外通道 9（11μm 附近）和通道 10（12μm 附近）比辐射率。本研究中地表温度反演所需地表比辐射率由第五章提到的 TISI 反演得到，即 SEVIRI 每 15min 提供一景图像。因此，假设白天和晚上的两通道 TISI 不变的情况下，首先可以得到不同太阳高度角下的中红外通道的双向反射率，进而借助于 BRDF 模型（RossThick-LiSparse-R 线性核驱动模型）求出中红外通道的方向半球反射率，再根据基尔霍夫定律就可以得出中红外通道的比辐射率；再次利用 TISI，根据式（5-18）即可求出热红外通道（通道 9 和通道 10）的比辐射率。

另外，大气水汽含量也是使用分裂窗算法反演地表温度的重要输入参数之一，用来选择分裂窗系数。正如本章第三节敏感性分析结果所述，20% 的水汽含量误差在大部分情况下不会引起分裂窗系数的误选，因此，本研究将采用线性插值的方法来获得各个时刻的水汽含量，即首先根据 ECMWF 大气廓线数据计算出 13 个 UTC（0：00，2：00，4：00，6：00，8：00，10：00，12：00，14：00，16：00，18：00，20：00，22：00，24：00）的大气水汽含量，再将这 13 个 UTC 的大气水汽含量进行插值，得到任一其他时刻的大气水汽含量。图 6-7 显示了 2009 年 8 月 22 日 11：12 时刻的水汽含量图，它通过 10：00UTC 和 12：00UTC 的大气水汽含量线性插值得到。

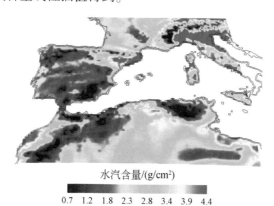

水汽含量/(g/cm²)

0.7 1.2 1.8 2.3 2.8 3.4 3.9 4.4

图 6-7 2009 年 8 月 22 日 11：12 时刻的水汽含量

二、反演结果

根据第五章反演得到的地表比辐射率，采用通用分裂窗算法，结合本章使用模拟数据确定的分裂窗系数 A_0、A_1、A_2、A_3、B_1、B_2 和 B_3，基于 SEVIRI 数据反演得到地表温度。

研究区数据与第五章描述的一致。图 6-8 中显示了 2009 年 8 月 22 日 SEVIRI 通道 9 和通道 10 的星上亮度温度以及反演的地表温度，可以看出，马格里布地区的地表温度比伊利比亚半岛地区的地表温度要高。其中，代表不同地表类型的 4 个研究区 A、B、C 和 D（A、B、C 和 D 的地表覆盖类型分别为裸土区、农田灌溉区、树木区和灌木区）地理经纬度信息、观测角度以及地表辐射率信息如表 6-2 所示，其在 6：00 ~ 30：00 UTC（第二天 6：00）时间段内的星上亮度温度和地表温度变化趋势如图 6-9 所示，可以看出，在裸土区，地表温度和星上亮度温度的差异较大，而植被覆盖区，地表温度和星上亮度温度的差异相对较小，尤其是对于灌木区。

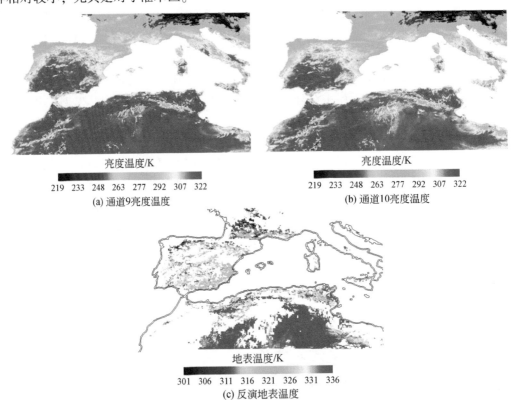

图 6-8　2009 年 8 月 22 日 SEVIRI 通道 9 和通道 10 星上亮度温度以及反演的地表温度

表 6-2　不同地表覆盖类型的研究区的地理经纬度信息、观测角度以及地表比辐射率

要素	A	B	C	D
经度/(°)	31.517	39.080	39.196	42.63
纬度/(°)	7.881	-1.190	-0.778	-6.143
地表类型	裸土区	农田灌溉区	树木区	灌木区
观测角度/(°)	38.00	45.59	45.71	49.93
ε_9	0.918	0.9556	0.9491	0.9701
ε_{10}	0.942	0.9525	0.9374	0.9795

如第五章所述，本研究对 Jiang（2007）提出的地表比辐射率反演算法进行了改进。为了显示改进前后地表比辐射率不同造成地表温度的差异，本章分别使用改进前、后的地表

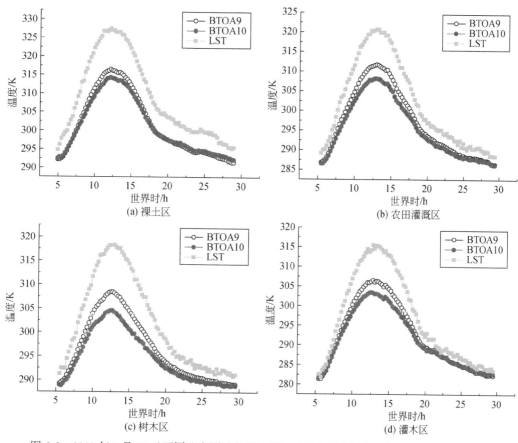

图 6-9　2009 年 8 月 22 日不同地表覆盖类型的研究区星上亮度温度数据以及地表温度数据

BTOA9 和 BTOA10 分别代表 SEVIRI 通道 9 和通道 10 的亮度温度

比辐射率，采用同样的分裂窗算法反演地表温度，分别表示为 SEVIRI LST1 和 SEVIRI LST2，它们之间差异的空间分布图以及频率直方图如图 6-10 所示，可以看出，SEVIRI LST1 和 SEVIRI LST2 之间差异的 85% 以上集中在 1K 以内，但是也有少部分差异达到 2K 左右。

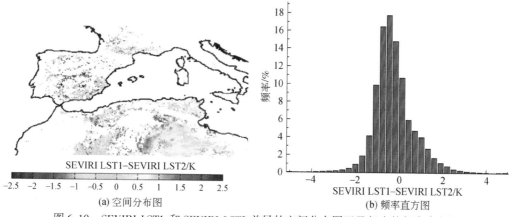

图 6-10　SEVIRI LST1 和 SEVIRI LST2 差异的空间分布图以及相应的频率直方图

第七章　地表温度产品交叉验证

随着热红外遥感技术的日趋成熟和广泛应用，国内外研究人员发展了不同的算法反演地表温度。本研究改进了 Jiang（2007）提出的地表比辐射率算法，并在此基础上，采用通用分裂窗算法反演了 SEVIRI 地表温度（即 SEVIRI LST）。目前，MODIS 地表温度产品在国内外得到了广泛的应用。但是，由于反演算法和输入数据的不同，来自不同传感器甚至同一传感器的地表温度产品之间存在差异，从而大大限制了这些温度产品的广泛应用。因此，本研究利用 USGS 提供的 MOD11B1 MODIS 地表温度（即 MODIS LST）对 SEVIRI LST 进行评估，并定量化地分析造成不同地表温度产品差异的因素，如地表比辐射率、传感器噪声等。

第一节　MODIS 地表温度产品

为了加强对地球表层陆地、海洋、大气和他们之间相互关系的综合性研究，美国国家航空航天局（National Aeronautics and Space Administration，NASA）制订了一个循序渐进的对地观测和数据管理战略——新一代地球观测系统计划（earth observation system，EOS）。作为这一系列对地观测卫星的第一颗卫星——Terra 已于 1999 年 12 月 8 日发射成功，其搭载的主要探测器——MODIS 是 EOS/Terra 平台上唯一进行免费直接广播的对地观测仪器。MODIS 是当前世界上新代一"图谱合一"的光学遥感仪器，从可见光到热红外共有 36 个通道的扫描辐射计，分布在 $0.4 \sim 14\mu m$ 的电磁波谱范围内，其中通道 $1 \sim 19$ 和通道 26 分布在可见光和近红外波段，其他热红外通道都分布在 $3 \sim 15\mu m$ 的热红外波段。MODIS 的空间分辨率分别为 250m、500m 和 1000m，扫描宽度为 2330km，每天或每两天可获取一次全球观测数据。表 7-1 显示了 MODIS 传感器特性。

表 7-1　MODIS 传感器特性

指标	特征					
	通道	波长/μm	通道	波长/μm	通道	波长/μm
光谱波段	1	0.620 ~ 0.670	13	0.662 ~ 0.672	25	4.482 ~ 4.549
	2	0.841 ~ 0.876	14	0.673 ~ 0.683	26	1.360 ~ 1.390
	3	0.459 ~ 0.479	15	0.743 ~ 0.753	27	6.535 ~ 6.895
	4	0.545 ~ 0.565	16	0.862 ~ 0.877	28	7.175 ~ 7.475
	5	1.23 ~ 1.25	17	0.890 ~ 0.920	29	8.400 ~ 8.700
	6	1.628 ~ 1.652	18	0.931 ~ 0.941	30	9.580 ~ 9.880
	7	2.105 ~ 2.155	19	0.915 ~ 0.965	31	10.780 ~ 11.280
	8	0.405 ~ 0.420	20	3.660 ~ 3.840	32	11.770 ~ 12.270
	9	0.438 ~ 0.448	21	3.929 ~ 3.989	33	13.185 ~ 13.485
	10	0.483 ~ 0.493	22	3.929 ~ 3.989	34	13.485 ~ 13.785
	11	0.526 ~ 0.536	23	4.020 ~ 4.080	35	13.785 ~ 14.085
	12	0.546 ~ 0.556	24	4.433 ~ 4.496	36	14.085 ~ 14.385

续表

指标	特征
空间分辨率	通道1、2：250m；通道3～7：500m；通道8～36：1000m
视场角	±55°
扫描频率	20.3转/min，与轨道垂直
扫描带宽	2330km×10km
数据率	11兆比特/秒
功耗	225瓦（最大）162.5瓦（最小）
设计寿命	5年

MODIS有44种产品，其中MOD11B1产品是陆地表面温度和比辐射率（LST/LSE）。MOD11B1产品数据采用瓦片（tile）类型进行组织，即以地球为参考系，采用正弦曲线投影地球投影系统，将全球按照10°/10°（经度/纬度）的方式分片，全球陆地被分割为600多个网格，并对每个网格赋予了水平编号和垂直编号（图7-1）。其中，左上角的编号为（0，0），右下角的编号为（35，17）。

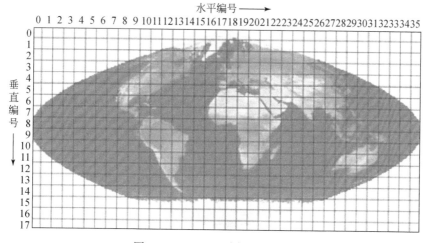

图7-1　MODIS正弦投影网格图

MOD11B1温度产品的空间分辨率为6km，它采用白天和晚上观测的MODIS 7个通道的数据（通道20、通道22、通道23、通道29和通道31～33，其光谱响应函数如图7-2所示）利用日夜法（Wan and Li，1997）反演得到的，但是使用日夜法反演地表温度和比辐射率受到一些条件的限制，使得反演极地地区的温度/比辐射率受到很大的影响。这些条件有：

（1）白天的观测值的太阳天顶角不超过75°；

（2）晚上的太阳天顶角要大于90°，即晚上的测量值完全不受太阳辐射影响；

（3）白天和晚上的时间差异不能超过32天；

（4）在低温的情况下，通道20的信噪比非常小，因此在反演的时候要保证白天通道31的亮度温度大于等于198K，并且其晚上的亮度温度大于等于195K。

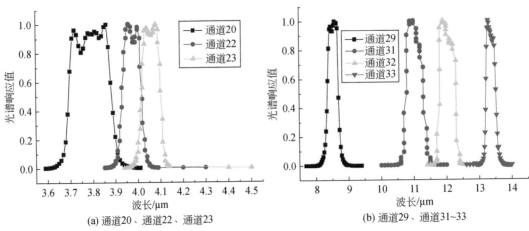

(a) 通道20、通道22、通道23　　　　　　　(b) 通道29、通道31~33

图 7-2　MODIS 通道 20、通道 22、通道 23、通道 29 和通道 31~33 的波段响应函数

　　除了地表温度外，MOD11B1 产品还提供地表比辐射率、观测角度、观测时间（地方时）和质量控制等信息，其数据集说明见表 7-2。

表 7-2　MOD11B1 产品数据集说明

数据集名称	单位	有效值范围	比例因子	偏移量
LST_ Day_ 5km	K	7500~65535	0.02	Na
QC_ Day	Na	0~255	Na	Na
Day_ view_ time	Hrs	0~240	0.1000	Na
Day_ view_ angle	Deg	0~180	0.5000	Na
QC_ Night	Na	0~255	0.0200	Na
Night_ view_ time	Hrs	0~240	Na	Na
Night_ view_ angle	Deg	0~180	0.1000	Na
Emissivity Band 20	Na	1~255	0.5000	Na
Emissivity Band 22	Na	1~255	0.0020	0.4900
Emissivity Band 23	Na	1~255	0.0020	0.4900
Emissivity Band 29	Na	1~255	0.0020	0.4900
Emissivity Band 31	Na	1~255	0.0020	0.4900
Emissivity Band 32	Na	1~255	0.0020	0.4900
LST_ Day_ Aggregated_ from 1km	K	7500~65535	0.0200	Na
LST_ Night_ Aggregated_ from_ 1km	K	7500~65535	0.0200	Na

第二节　地表温度产品交叉验证方法

地表温度随时间和空间变化较大，因此不同地表温度之间的比较和评估要求不同，地表温度产品要在时间、空间上保持一致。鉴于 SEVIRI 的空间分辨率，本研究采用 USGS 提供的 MOD11B1 产品中的温度数据来评估 SEVIRI 温度产品。这两个产品的空间分辨率不同，因此本研究采用面积加权像素聚合算法将 SEVIRI 温度数据配准到 MODIS 温度数据上。面积加权像素聚合算法描述如下：

$$R_i = \sum_{j=1}^{N} \omega_{j,\,i} R_j \Big/ \sum_{j=1}^{N} \omega_{j,\,i} \tag{7-1}$$

其中

$$\omega_{j,i} = S_{j,i} / S_j \tag{7-2}$$

式中，R_i 为目标像元 i 聚合后的辐亮度；N 为在像元 i 内像元 j 的像元总数；$\omega_{j,i}$ 为像元 j 的权重；$S_{j,i}$ 为像元 i 和 j 重叠的面积大小；S_j 为像元 j 的面积大小；R_j 为像元 j 的辐亮度。

图 7-3 显示了像元空间聚合的过程，在此图中，蓝色的点代表待聚合像元 j 四角的坐标，而红色的点则代表目标像元 i 的四角坐标。根据像元 i 和 j 的空间关系，使用多边形相交算法可以计算得到像元 j 的权重 $\omega_{j,i}$，进而使用式（7-1）求得聚合后像元 i 的辐射亮度。通常，像元的经纬度信息一般指像元中心的经纬度。因此，本研究中像元四角的经纬度需要根据相邻像元的经纬度信息来确定。

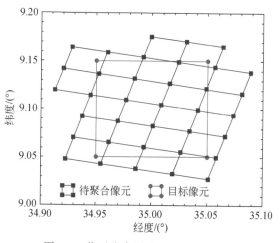

图 7-3　像元聚合图示（Jiang，2007）

考虑到 MOD11B1 产品中温度数据是由不同轨的数据合成而来，其观测时间各不相同，因此，为了减少因观测时间差异造成的地表温度差异，本研究仅使用 MODIS 和 SEVIRI 观测时间相差 7.5min 以内的像元来开展研究工作。对于 MOD11B1 中的温度产品而言，每个像元的观测时间（地方时）可以从 MOD11B1 产品数据集中提取；而对于 SEVIRI 温度产品而言，其观测时间（世界时）可以从 SEVIRI 图像数据的文件名中获得。

另外，观测角度的影响也是需要考虑的因素之一。MSG 卫星运行于地球同步轨道上，所以 SEVIRI 观测到的地表大部分受阳光直射；而 MODIS 搭载在极地卫星上，导致 MODIS 会探测到部分阴影地区。因此，为了减弱由阴影表面造成地表温度的差异，本研究仅考虑 MODIS 观测角度在 30° 以内的像元。还有，根据 MOD11B1 产品中的质量控制（quality control，QC）信息，本研究仅使用质量较高并且无云（QC=0）的 MODIS 温度数据。考虑上述约束条件后，可以较准确地利用 MODIS 地表温度数据来评估 SEVIRI 地表温度数据，并利用差异均值和方差这两个指标来定量化地衡量 SEVIRI 温度产品和 MODIS 温度产品之间的差异。差异均值和方差的数学表达式如下：

$$MD_{LST} = \frac{1}{M} \sum_{i=1}^{M} \left(LST_{i,\,SEVIRI} - LST_{i,\,MODIS} \right) \tag{7-3}$$

$$SD_{LST} = \sqrt{\frac{1}{M-1} \sum_{i=1}^{M} \left[\left(LST_{i,\,SEVIRI} - LST_{i,\,MODIS} \right) - MD_{LST} \right]^2} \tag{7-4}$$

式中，LST_{SEVIRI} 和 LST_{MODIS} 分别为 SEVIRI 和 MODIS 地表温度；M 为符合上述约束条件的像元总数。

图 7-4 显示了 SEVIRI 和 MODIS 地表温度比较流程，共包含 4 部分：①数据准备，准备 SEVIRI 和 MODIS 地表温度数据，观测时间数据，观测天顶角数据以及质量控制信息等；②坐标匹配，根据 SEVIRI 像元和 MODIS 像元的空间关系，使用式（7-1）将 SEVIRI 辐亮度数据配准到相应的 MODIS 像元上；③时间配准，选择 SEVIRI 和 MODIS 观测时间差异在 7.5min 以内的像元；④根据 MODIS 的观测天顶角、质量控制信息以及研究区土地利用信息，使用 MODIS 地表温度评估相应的配准后的 SEVIRI 地表温度。

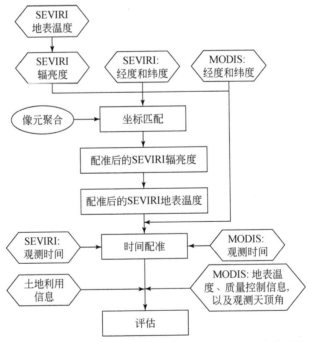

图 7-4　使用 MODIS 地表温度评估 SEVIRI 地表温度流程图

第三节　SEVIRI 和 MODIS 地表温度产品交叉验证结果

通过坐标匹配和时间配准等数据预处理，针对第五章描述的研究区，选择 5 天无云的 SEVIRI 温度数据（2008 年 6 月 18 日、2008 年 7 月 3 日、2008 年 8 月 9 日、2009 年 5 月 2 日、2009 年 8 月 22 日），以 MODIS LST 为参考，对 SEVIRI LST 进行评估。

表 7-3 和图 7-5 显示了 SEVIRI LST 和 MODIS LST 两产品的对比结果，表 7-3 中所列的像元个数为满足本研究所述的约束条件的像元总数，可以看出，SEVIRI LST 和 MODIS LST 之间的差异（$LST_{SEVIRI}-LST_{MODIS}$）的差异均值 MD_{LST} 在 0.93 ～ 3.43K 之间变化，而其方差 SD_{LST} 在 1.22 ～ 2.48K 之间变化；由 MODIS LST 的方差（$Stdev_{LST}$）可以得知，晚上的地表温度浮动较小，从而造成白天的 SD_{LST} 比晚上的大。

表 7-3　SEVIRI LST 和 MODIS LST 之间的差异的均值和方差

日期	白天/晚上	像元数	$LST_{SEVIRI}-LST_{MODIS}$		LST_{MODIS}	
			MD_{LST}/K	SD_{LST}/K	$Mean_{LST}/K$	$Stdev_{LST}/K$
2008 年 6 月 18 日	白天	16366	1.63	2.48	313.16	7.65
	晚上	12440	1.73	1.55	291.44	3.67
2008 年 7 月 3 日	白天	861	1.34	1.57	321.58	3.70
	晚上	2210	1.36	1.22	298.33	2.46
2008 年 8 月 9 日	白天	9011	3.43	1.61	321.74	3.89
	晚上	5803	2.06	1.17	298.96	4.05
2009 年 5 月 2 日	白天	1981	2.17	2.14	302.66	4.43
	晚上	3788	2.45	1.40	283.49	3.05
2009 年 8 月 22 日	白天	4168	2.12	2.60	314.66	7.01
	晚上	5323	0.93	1.54	294.72	3.62

注：LST_{SEVIRI} 为本研究基于 SEVIRI 数据反演得到的地表温度，LST_{MODIS} 是 MOD11B1 产品中提供的基于 MODIS 数据的地表温度。

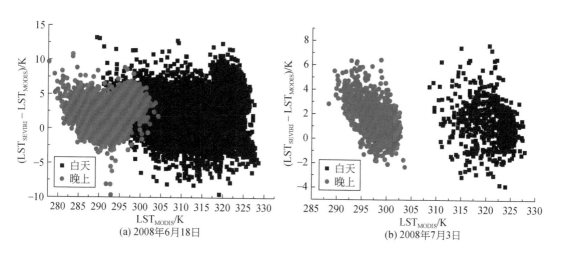

(a) 2008年6月18日　　　　　　　(b) 2008年7月3日

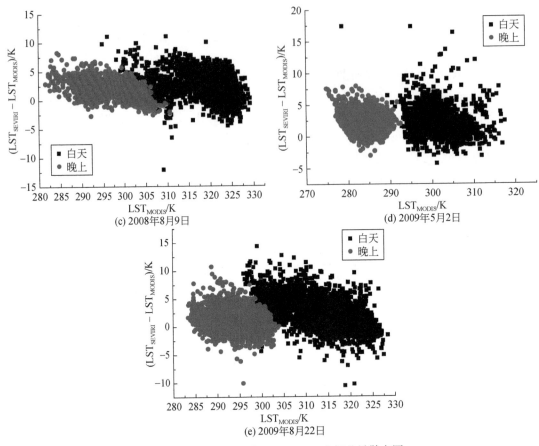

图 7-5　SEVIRI LST 和 MODIS LST 之间差异散点图

　　为了分析地表类型对 SEVIRI 和 MODIS 温度差异的影响，本研究将研究区的地表类型粗略地划分为裸土区和植被覆盖区，然后针对每天的温度数据分别计算这两个区域的 MD_{LST} 和 SD_{LST}（图 7-6），可以看出，SEVIRI LST 和 MODIS LST 之间的差异和地表类型有关，裸土区的差异较植被覆盖区大，尤其是对于白天的裸土区数据，最大值差异值达到 5.8K。造成这一现象的原因是，受太阳直射的影响，白天地表温度较高，波动性较大，使得反演地表温度精度较植被覆盖区要低。

　　由图 7-6 可以看出，SEVIRI LST 和 MODIS LST 之间的温度差异和地表覆盖类型存在一定的关系。为了进一步分析，本研究把研究区的地表类型细分为五种，即树木、灌木、草本植物、农田灌溉区以及裸土，并计算每种地表覆盖类型条件下的 SEVIRI LST 和 MODIS LST 的差异值（MD_{LST} 和 SD_{LST}）。但是，对于某些地表覆盖类型的区域，满足对比条件的像元总数很少甚至没有，因此，本研究将研究区这 5 个日期的数据统一分析。图 7-7 显示了这五种不同地表覆盖类型区域的 MD_{LST} 和 SD_{LST}。和其他植被覆盖区域的温度差异值相比较可以发现，在白天，树木覆盖区域的温度差异 MD_{LST} 较高，而在晚上，草本植物覆盖区域的 MD_{LST} 较高；白天灌木覆盖区域的 SD_{LST} 较大（大于 2.5K），但是在晚上却和其他植被覆盖区域差异很小。

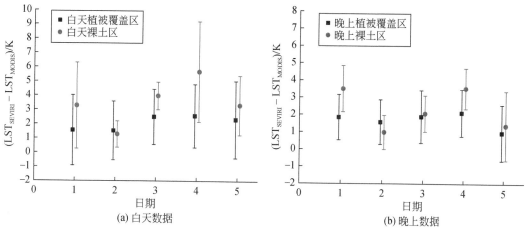

图 7-6　针对裸土区和植被覆盖区，SEVIRI LST 和 MODIS LST 之间差异的均值和方差
地表温度差异的均值用点表示，而方差用半长线表示；横坐标中 1~5 的数字代表不同的日期，分别为
2008 年 6 月 18 日、2008 年 7 月 3 日、2008 年 8 月 9 日、2009 年 5 月 2 日、2009 年 8 月 22 日

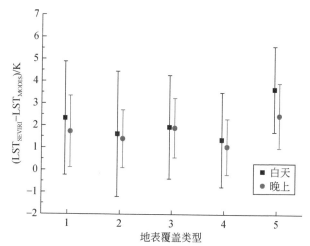

图 7-7　针对不同地表类型 SEVIRI LST 和 MODIS LST 之间差异的均值和方差
地表温度差异的均值用点表示，而方差用半长线表示；横坐标中 1~5 的数字代
表分别不同地表类型，即树木、灌木、草本植物、农田灌溉区以及裸土

　　观测天顶角从以下两个方面影响地表温度反演的精度：①在不同观测天顶角下，传感器获取的地物的三维结构信息不同；②地表温度反演算法本身的不确定性和观测天顶角的大小成正比。因此，为了分析观测天顶角对 SEVIRI LST 和 MODIS LST 之间差异的影响，本研究将 SEVIRI 和 MODIS 观测天顶角的差值（ $|VZA_{SEVIRI}-VZA_{MODIS}|$ ）分为三个区间：$[0°，20°]$、$(20°，40°]$ 和 $(40°，60°]$，并计算每个区间这两个温度产品的 MD_{LST} 和 SD_{LST}（图 7-8）。值得注意的是，平均差异值 MD_{LST} 和观测天顶角的差异成反比。具体的原因将在后续的工作中进一步分析。

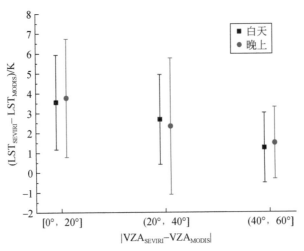

图 7-8　不同观测天顶角下 LST_{SEVIRI} 和 LST_{MODIS} 之间差异的均值和方差

第四节　结　果　分　析

如前所述，不同地表温度产品之间存在一定的差异，这些差异由很多种因素导致。例如，地表比辐射率的不确定性、仪器噪声等效温差（NEΔT）以及算法自身的误差。为了进一步分析造成 SEVIRI LST 和 MODIS LST 之间差异的原因，本研究就以下三个方面开展研究：TISI 反演得到的地表比辐射率的不确定性、仪器噪声等效温差（NEΔT）以及两个温度产品之间的配准误差。

一、地表比辐射率的估算误差

地表比辐射率是地表温度反演中的关键参数，地表比辐射率的不同是造成 SEVIRI LST 和 MODIS LST 之间差异的重要因素之一。但是 Collection 5 版本的 MOD11B1 产品中提供的地表比辐射率是基于分类方法估算的，而地表温度是采用日夜法反演得到的，使得 Collection 5 版本的 MOD11B1 产品中地表比辐射率和温度产品没有任何联系，因此，无法通过比较 MOD11B1 产品中的地表比辐射率和本研究反演得到的地表比辐射率之间的差异来分析地表比辐射率差异导致的温度产品间的差异。基于此，本研究将主要分析影响 TISI 反演地表比辐射率的精度的主要因素。

TISI 主要误差来源包括仪器噪声等效温差（NEΔT）、大气校正误差以及计算校正系数 C_i［见式（5-2）］和 TISI 过程中的一些数学近似引起的误差。Nerry 等（1998）曾指出仪器噪声对地表比辐射率反演精度的影响很小，而大气校正的误差是其主要的误差来源。本研究使用 MODTRAN 和 ECMWF 大气廓线数据，并结合温度日变化模型来实现 SEVIRI 数据的大气校正。因此，为了分析本研究大气校正误差对估算地表比辐射率和温度的影响，在研究区 Madrid_ barajas 气象站点，本研究将 ECMWF 大气廓线数据由英国气象局

（United Kingdem Meteorological Office，UKMO）提供的大气廓线数据来替代，对 SEVIRI 数据进行大气校正，并和使用 ECMWF 大气廓线和温度日变化模型得到的大气校正结果相比较。表 7-4 中列出了使用这两种不同大气校正方法得到的地表亮度温度、地表比辐射率以及地表温度的差异。其中，$LSBT_{ECMWF}$ 为使用 ECMWF 大气廓线数据，并结合温度日变化模型经大气校正后得到的地表亮度温度，$LSBT_{UKMO}$ 为使用 UKMO 大气廓线数据得到的地表亮度温度；$LSE_{ECMWF}-LSE_{UKMO}$ 为使用这两种大气校正方法后反演得到的地表比辐射率之间的差异，而 $\Phi(LST)=LST_{ECMWF}-LST_{UKMO}$，代表相应的地表温度的差异。受大气中云的影响，在此气象站点上，仅仅有两天晴朗天气的大气数据可以用来分析，即 2008 年 7 月 3 日和 2009 年 5 月 2 日。从表 7-4 中可以看出，地表比辐射率的反演对大气校正的精度比较敏感，大气校正的误差将会导致较大的比辐射率反演误差；对于 2009 年 5 月 2 日的数据而言，使用不同大气校正方法造成的 SEVIRI 通道 9 和通道 10 的地表比辐射率差异值分别为 0.044 和 0.04，从而引起地表温度的差异分别为 3.46K（白天）和 2.37K（晚上）；而对于 2008 年 7 月 3 日的数据而言，SEVIRI 通道 9 和通道 10 的地表比辐射率差异值分别为 0.029 和 0.033，地表温度的差异分别为 -1.37K（白天）和 1.07K（晚上）。

表 7-4　在 Madrid_ barajas 气象站点使用不同大气校正方法导致的地表亮度温度、地表比辐射率以及地表温度的差异

日期	白天/晚上	$(LSBT_{ECMWF}-LSBT_{UKMO})/K$			$LSE_{ECMWF}-LSE_{UKMO}$			$\Phi(LST)$/K
		通道4	通道9	通道10	通道4	通道9	通道10	
2008 年 7 月 3 日	白天	0.8	1.13	1.39	-0.057	0.029	0.033	-1.37
	晚上	-1.81	0.81	1.11				1.07
2009 年 5 月 2 日	白天	-0.52	1.31	1.51	-0.008	0.044	0.04	3.46
	晚上	-2.19	0.34	0.36				2.37

二、仪器噪声对地表温度反演的影响

SEVIRI 通道 9 和通道 10 的仪器噪声等效温差（NEΔT）分别为 ±0.11K 和 ±0.16K，而 MODIS 通道 31 和通道 32 的仪器噪声等效温差都为 0.05K。为了简化，本研究假定分裂窗算法中的 $\varepsilon=1.0$ 和 $\Delta\varepsilon=0$，在这种条件下分析仪器噪声对地表温度反演的影响 [即 $\delta(LST)$]，其数学表达式可以表示如下：

$$\delta(LST)=\sqrt{\left(\frac{A_1+B_1}{2}\right)^2\times NE\Delta T_i^2+\left(\frac{A_1-B_1}{2}\right)^2\times NE\Delta T_j^2}$$
$$=\sqrt{(3.5)^2\times NE\Delta T_i^2+(2.5)^2\times NE\Delta T_j^2}$$

(7-5)

式中，$NE\Delta T_i$ 和 $NE\Delta T_j$ 分别为通道 i 和 j 的仪器噪声等效温差。

将 SEVIRI 通道 9 和通道 10 以及 MODIS 通道 31 和通道 32 的仪器噪声等效温差代入式 (7-5)，可以得出如下结论：对 SEVIRI 而言，仪器噪声对温度反演的影响 $\delta(LST)=$ 0.56K；对于 MODIS 而言，$\delta(LST)=0.22K$。因此，仪器噪声之间的差异导致 SEVIRI

和 MODIS 之间大约 0.3K 的地表温度差异。

三、不同分辨率温度产品之间配准误差对地表温度差异的影响

两个温度产品之间的配准误差是造成地表温度差异的又一重要影响因素。为了分析这种误差，本研究将经过坐标匹配的分辨率为 5.6km 的 SEVIRI LST 和 MODIS LST 再次聚合到更大的空间尺度上，即 11.2km×11.2km，然后再进行比较，比较的结果见表 7-5。和表 7-3 中的结果相比，比较结果并没有明显地改善，差异均值最多降低 0.16K，其方差最多降低 0.53K，这说明不同温度产品间的配准误差较小。

表 7-5　SEVIRI LST 和 MODIS LST 在空间尺度 11.2km×11.2km 上的比较结果

日期	白天/晚上	像元数	$(LST_{SEVIRI}-LST_{MODIS})/K$	
			MD_{LST}	SD_{LST}
2008 年 6 月 18 日	白天	2843	1.58	2.03
	晚上	1853	1.64	1.42
2008 年 7 月 3 日	白天	127	1.28	1.15
	晚上	273	1.20	0.95
2008 年 8 月 9 日	白天	1639	3.48	1.30
	晚上	857	2.02	0.98
2009 年 5 月 2 日	白天	201	2.11	1.61
	晚上	317	2.37	1.14
2009 年 8 月 22 日	白天	541	2.11	2.17
	晚上	523	0.88	1.19

总而言之，地表比辐射率对地表温度的反演至关重要，虽然无法直接估算因地表比辐射率的差异造成的 SEVIRI LST 和 MODIS LST 之间的温度差异值，但是本研究通过详细分析，证实使用 TISI 反演得到地表比辐射的误差主要来自大气校正的误差；另外，仪器噪声和温度产品之间的配准误差对地表温度产品之间的差异影响很小，在 0.4K 以内。

除了上述提到的因素，造成 SEVIRI LST 和 MODIS LST 之间差异的因素还有很多。在热红外遥感中，云检测的精度对地表温度的反演精度起着决定性的作用，Rossow 和 Garder（1993）曾指出严格准确的云检测技术能降低 2～3K 的地表温度反演误差。因此，反演 SEVIRI LST 和 MODIS LST 时使用的不同云检测技术也是造成它们温度差异的重要因素，但是这一因素很难定量地分析。另外，SEVIRI 和 MODIS 观测角度之间的差异、温度反演算法自身的误差以及评估过程自身引入的误差也是造成 SEVIRI LST 和 MODIS LST 之间差异的重要因素，值得在未来的研究中进一步分析。

第八章　地表温度日变化模型的对比和分析

国内外研究者发展了不同的地表温度日变化模型，且分别采用不同的数学形式和模型参数描述白天和晚上的地表温度变化。本章利用地面温度测量数据和 MSG-SEVIRI 地表温度数据，对 6 个地表温度日变化模型进行了详细的对比，并分析了模型存在的不足。

第一节　地表温度日变化模型介绍

（一）GOT01 模型

Göttsche 和 Olesen（2001）发展了一个基于物理机理的地表温度日变化模型，其参数的描述如图 8-1 所示。该模型基于热传导方程，利用余弦函数描述白天的地表温度变化。假定地表温度变化遵循牛顿冷却定律，该模型利用指数函数描述晚上的地表温度变化。本研究将该模型称为 GOT01 模型：

$$
\begin{aligned}
T_{\text{day}}(t) &= T_0 + T_a \cos\left[\frac{\pi}{\omega}(t - t_m)\right], \quad t < t_s \\
T_{\text{night}}(t) &= (T_0 + \delta T) + \left\{ T_a \cos\left[\frac{\pi}{\omega}(t_s - t_m)\right] - \delta T \right\} e^{\frac{-(t - t_s)}{k}}, \quad t \geq t_s
\end{aligned}
\tag{8-1}
$$

式中，T_{day} 和 T_{night} 分别为白天和晚上的地表温度；T_0 为日出时刻附近的初始温度；T_a 为温度的幅度；ω 为余弦半周期宽；t_m 为最大温度出现时刻；t_s 为温度开始衰减时刻；δT 为 T_0 和 T（$t \to \infty$）之间的差值；k 为衰减系数。

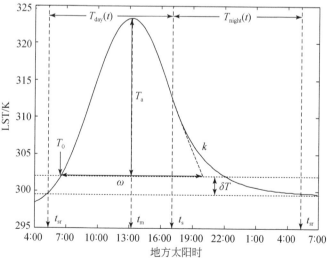

图 8-1　地表温度日变化模型参数的描述

t_{sr} 为日出时刻

参数 ω 可以通过太阳几何计算得到（Duffie and Beckman，1980）：

$$\omega = \frac{2}{15}\arccos\ (-\tan\phi\tan\delta) \tag{8-2}$$

式中，ϕ 为纬度；δ 为太阳倾角，其可以通过年积日（day of year，DOY）计算得到（Elagib et al.，1999）：

$$\delta = 23.45\sin\left[\frac{360}{365}\ (284+\mathrm{DOY})\right] \tag{8-3}$$

衰减系数 k 通过式（8-1）中白天和晚上部分的地表温度对时间的一阶导数在 t_s 时刻处相等计算得到：

$$k = \frac{\omega}{\pi}\left\{\tan^{-1}\left[\frac{\pi}{\omega}\ (t_s-t_m)\right]-\frac{\delta T}{T_a}\sin^{-1}\left[\frac{\pi}{\omega}\ (t_s-t_m)\right]\right\} \tag{8-4}$$

从式（8-1）～式（8-4）可以看出，GOT01 模型包含 5 个自由参数，即 T_0、T_a、δT、t_m、t_s。

（二）GOT01_ 0 模型

基于 GOT01 模型，忽略 T_0 和 T（$t\to\infty$）之间的差值，即 $\delta T=0$，可以得到 Schädlich 等（2001）提出的地表温度日变化模型。该模型表示为

$$\begin{cases} T_{\mathrm{day}}(t) = T_0+T_a\cos\left[\dfrac{\pi}{\omega}(t-t_m)\right], & t<t_s \\[3mm] T_{\mathrm{night}}(t) = T_0+T_a\cos\left[\dfrac{\pi}{\omega}(t_s-t_m)\right]\mathrm{e}^{\frac{-(t-t_s)}{k}}, & t\geqslant t_s \end{cases} \tag{8-5}$$

Schädlich 等（2001）提出的模型并没有考虑类似于式（8-4）的约束条件。为了便于模型之间的比较，以及保持模型的一致性，式（8-5）中的衰减系数 k 也通过白天和晚上部分的地表温度对时间的一阶导数在 t_s 时刻处相等计算得到：

$$k = \frac{\omega}{\pi}\tan^{-1}\left[\frac{\pi}{\omega}\ (t_s-t_m)\right] \tag{8-6}$$

对比式（8-5）和式（8-1）可以看出，Schädlich 等（2001）提出的模型是 GOT01 模型的简化版本（$\delta T=0$）。因此，本研究将 Schädlich 等（2001）提出的模型称为 GOT01_ 0 模型。GOT01_ 0 模型包含 4 个自由参数，即 T_0、T_a、t_m、t_s。

（三）VAN06 模型

van den Bergh 等（2006）认为，GOT01 模型中地表温度上午上升阶段的 ω 值与下午下降阶段的 ω 值并不相同。因此，他们采用 2 个余弦函数分别描述上午（day1）和下午（day2）的地表温度变化。本研究将该模型称为 VAN06 模型：

$$\begin{cases} T_{\mathrm{day1}}(t) = T_0+T_a\cos\left[\dfrac{\pi}{\omega_1}(t-t_m)\right], & t<t_m \\[3mm] T_{\mathrm{day2}}(t) = T_0+T_a\cos\left[\dfrac{\pi}{\omega_2}(t-t_m)\right], & t_m\leqslant t<t_s \\[3mm] T_{\mathrm{night}}(t) = T_0+T_a\cos\left[\dfrac{\pi}{\omega_2}(t_s-t_m)\right]\mathrm{e}^{\frac{-(t-t_s)}{k}}, & t\geqslant t_s \end{cases} \tag{8-7}$$

与 GOT01 模型一样，式（8-7）中的衰减系数 k 通过下午和晚上部分的地表温度对时间的一阶导数在 t_s 时刻处相等计算得到：

$$k = \frac{\omega_2}{\pi}\tan^{-1}\left[\frac{\pi}{\omega_2}(t_s-t_m)\right] \tag{8-8}$$

在 VAN06 模型中，参数 ω_1 和 ω_2 通过模型拟合得到，而不是通过式（8-2）计算得到。因此，VAN06 模型包含 6 个自由参数，即 T_0、T_a、t_m、t_s、ω_1、ω_2。

（四）JNG06 模型

基于 GOT01 模型，Jiang 等（2006）通过模型拟合得到参数 ω 和 k，而不是通过式（8-2）和式（8-4）计算得到。另外，他们在模型中增加了 2 个约束条件：①地表温度日变化模型中白天和晚上部分的地表温度在 t_s 时刻处连续；②地表温度日变化模型中白天和晚上部分的地表温度在 t_s 时刻处可导。本研究将该模型称为 JNG06 模型：

$$\begin{cases} T_{\text{day}}(t) = T_0 + T_a\cos\left[\beta(t-t_m)\right], & t<t_s \\ T_{\text{night}}(t) = b_1 + b_2\mathrm{e}^{\alpha(t-t_s)}, & t\geq t_s \end{cases} \tag{8-9}$$

其中

$$\begin{cases} b_2 = \left\{-\beta T_a\sin\left[\beta(t_s-t_m)\right]\right\}/\alpha \\ b_1 = T_0 + T_a\cos\left[\beta(t_s-t_m)\right] - b_2 \end{cases} \tag{8-10}$$

JNG06 模型包含 6 个自由参数，即 T_0、T_a、t_m、t_s、α、β。对比式（8-9）和式（8-1）可以看出，JNG06 模型是 GOT01 模型的普适性表达形式。在数学形式上，令 $\omega = \pi/\beta$ 和 $k = -1/\alpha$，GOT01 模型等效于 JNG06 模型。从理论上来说，当 GOT01 模型中的参数 ω 作为自由参数时，GOT01 和 JNG06 模型的拟合精度是一样的。

（五）INA08 模型

为了更准确地描述晚上的地表温度变化，Inamdar 等（2008）利用一个双曲线函数替代 GOT01 模型中的指数函数。本研究将该模型称为 INA08 模型：

$$\begin{cases} T_{\text{day}}(t) = T_0 + T_a\cos\left[\frac{\pi}{\omega}(t-t_m)\right], & t<t_s \\ T_{\text{night}}(t) = (T_0+\delta T) + \left\{T_a\cos\left[\frac{\pi}{\omega}(t_s-t_m)\right] - \delta T\right\}\frac{k}{(k+t-t_s)}, & t\geq t_s \end{cases} \tag{8-11}$$

其中

$$k = \frac{\omega}{\pi}\left\{\tan^{-1}\left[\frac{\pi}{\omega}(t_s-t_m)\right] - \frac{\delta T}{T_a}\sin^{-1}\left[\frac{\pi}{\omega}(t_s-t_m)\right]\right\} \tag{8-12}$$

INA08 模型的自由参数和 GOT01 模型一样，即 T_0、T_a、δT、t_m、t_s。

（六）GOT09 模型

与前面 5 个从热传导方程推导的模型不一样，Göttsche 和 Olesen（2009）根据地表能量平衡方程发展了一个新的地表温度日变化模型。通过引入大气总的光学厚度 τ，该模型更准确地描述日出时刻附近的地表温度变化，以及地表温度日变化模型的余弦半周期宽度。本研究将该模型称为 GOT09 模型：

$$\begin{cases} T_{day}(t) = T_0 + T_a \dfrac{\cos(\theta_z)}{\cos(\theta_{z,min})} e^{[m_{min}-m(\theta_z)]\tau}, & t < t_s \\[4mm] T_{night}(t) = (T_0+\delta T) + \left[T_a \dfrac{\cos(\theta_{zs})}{\cos(\theta_{z,min})} e^{[m_{min}-m(\theta_{zs})]\tau} - \delta T \right] e^{\frac{-12}{\pi k}(\theta-\theta_s)}, & t \geq t_s \end{cases} \tag{8-13}$$

其中

$$\theta = \frac{\pi}{12}(t - t_m) \tag{8-14}$$

$$\theta_z = \arccos\left[\sin(\delta)\sin(\phi) + \cos(\delta)\cos(\phi)\cos(\theta) \right] \tag{8-15}$$

$$m(\theta_z) = -\frac{R_E}{H}\cos(\theta_z) + \sqrt{\left(\frac{R_E}{H}\cos(\theta_z)\right)^2 + 2\frac{R_E}{H} + 1} \tag{8-16}$$

$$k = \frac{12}{\pi} \cdot \frac{\cos(\theta_{zs}) - \dfrac{\delta T \cos(\theta_{z,min})}{T_a e^{[m_{min}-m(\theta_{zs})]\tau}}}{\dfrac{d\theta_z(\theta_s)}{d\theta}\sin(\theta_{zs}) + \tau\cos(\theta_{zs})\dfrac{\partial m(\theta_{zs})}{\partial\theta_z}} \tag{8-17}$$

式中，θ 为热时角；θ_z 为太阳天顶角；$\theta_{z,min}$ 为最小的太阳天顶角，通过式（8-15）在 $\theta=0$ 时计算得到；m 为相对空气质量；m_{min} 为最小的相对空气质量，通过式（8-16）在 $\theta_z = \theta_{z,min}$ 时计算得到；θ_s 为在 $t = t_s$ 时的热时角，通过式（8-14）计算得到；θ_{zs} 为 $\theta=\theta_s$ 时的热时角，通过式（8-15）计算得到；R_E 为地球半径；H 为大气标高。

当 $\tau=0$ 时，GOT09 模型可以得到一个类似于 GOT01 模型的表达形式。GOT09 模型包含 6 个自由参数，即 T_0、T_a、δT、t_m、t_s、τ。

第二节　数据介绍

（一）地面温度测量数据

本研究利用 3 组地面温度测量数据，对 6 个模型的拟合精度进行了评估。这 3 组数据分别位于不同的地理位置和地表类型（表 8-1）。第 1 组是 2003 年 2 月 22 日在美国西部利用热辐射计测量的水泥地和草地的地表温度数据。第 2 组是 2008 年 10 月 27 日在中国北方利用 KT-15 红外辐射计测量的干土、砂土和湿土的地表温度数据。第 3 组是 1986 年 6 月 16 日在法国西南地区，HAPEX- Mobilhy 野外试验收集的地表温度数据（Andre et al.，1986）。这 3 组数据包括了不同的大气状况和地表条件。

红外辐射计提供的是地表亮温，因此需要将地表亮温转换为地表温度：

$$B(T_g) = \varepsilon B(T_s) + (1-\varepsilon) R_\downarrow = \varepsilon_{eff} B(T_s) \tag{8-18}$$

式中，B 为普朗克函数；T_g 为地表亮温；ε 为地表比辐射率；T_s 为地表温度；$R_\downarrow$ 为大气下行辐射；ε_{eff} 为等效比辐射率。

由于缺少 ε 和 $R_\downarrow$ 的测量数据，需要给定等效比辐射率（ε_{eff}）通过式（8-18）将地表亮温转换为地表温度。本研究分别给定水泥地、裸土、植被的等效比辐射率为 0.96、0.97、0.99。等效比辐射率的不确定性导致地表温度的系统误差约为 1 K（Li and Becker，1993）。为了减小地面风对地面温度测量数据的影响，对每个数据进行每 15min 的平均处理。

表 8-1 地面温度测量数据描述

站点	日期（年/月/日）	经度	纬度	地表类型
G1	2003/2/22	119.832° W	34.452° N	水泥地
G2	2003/2/22	119.833° W	34.452° N	草地
G3	2008/10/27	116.611° E	39.603° N	干土
G4	2008/10/27	116.611° E	39.603° N	沙土
G5	2008/10/27	116.611° E	39.603° N	湿土
G6	1986/6/16	0.125° E	44.323° N	玉米地
G7	1986/6/16	0.268° E	43.825° N	小麦地
G8	1986/6/16	0.439° E	43.645° N	玉米地
G9	1986/6/16	0.857° E	43.779° N	玉米地
G10	1986/6/16	0.025° E	43.547° N	玉米地
G11	1986/6/16	0.045° E	43.585° N	玉米地
G12	1986/6/16	0.014° E	43.701° N	玉米地
G13	1986/6/16	0.049° E	43.973° N	玉米地

（二）MSG-SEVIRI 数据

为了分析 6 个模型的拟合精度，本研究收集了 3 天的 MSG-SEVIRI 地表温度数据（表 8-2）。这 3 天分别为 2004 年 7 月 14 日、2005 年 7 月 2 日、2006 年 7 月 1 日。对于每一天的数据，分别选择了 4 个晴空像元。每个像元分别位于不同的地理位置和地表类型。本研究选用的 MSG-SEVIRI 像元数据位于伊比利亚半岛和北非等区域，时间均为 7 月。选择该时段、该区域像元数据的原因如下：①MSG-SEVIRI 数据覆盖了该区域；②根据地表分类图可知，该区域包含了不同的裸土和植被像元；③该区域在 7 月具有较多的晴天；④对于不同地表类型的像元，7 月的地表温度具有较大的变化范围。

表 8-2 MSG-SEVIRI 数据描述

站点	日期（年/月/日）	经度	纬度	地表类型
S1	2004/7/14	3.016° E	36.473° N	郁闭落叶林
S2	2004/7/14	3.793° E	36.708° N	郁闭落叶林
S3	2004/7/14	12.737° W	25.581° N	石漠
S4	2004/7/14	20.903° E	28.481° N	石漠
S5	2005/7/2	2.863° E	35.307° N	稀疏草地
S6	2005/7/2	5.522° E	35.629° N	稀疏草地
S7	2005/7/2	13.071° W	24.729° N	石漠
S8	2005/7/2	23.269° E	28.668° N	沙漠沙丘
S9	2006/7/1	7.082° E	36.366° N	开放落叶灌丛
S10	2006/7/1	8.503° E	36.239° N	开放落叶灌丛
S11	2006/7/1	12.731° W	19.923° N	石漠
S12	2006/7/1	14.964° E	22.642° N	裸露岩石

第三节 结果和讨论

本章第一节的 6 个模型全部为非线性模型，皆不能直接从模型中求解出模型参数。本研究利用 Levenberg-Marquargt 最小二乘法对模型参数进行求解。表 8-3 给出了模型参数的初值。模型参数的初值接近于模型参数的最终值，因此模型会很快地收敛于模型参数的最终值。

表 8-3 地表温度日变化模型参数的初值设定

参数	GOT01_0	GOT01	VAN06	JNG06	INA08	GOT09
T_0	$T_{\min}$	$T_{\min}$	$T_{\min}$	$T_{\min}$	$T_{\min}$	$T_{\min}$
T_a	$T_{\max}-T_{\min}$	$T_{\max}-T_{\min}$	$T_{\max}-T_{\min}$	$T_{\max}-T_{\min}$	$T_{\max}-T_{\min}$	$T_{\max}-T_{\min}$
t_{m}	12.5	12.5	12.5	12.5	12.5	12.5
t_{s}	17	17	17	17	17	17
δT		0.5			0.5	0.5
ω_1			ω			
ω_2			ω			
α				-0.3		
β					π/ω	
τ						0.03

本研究利用了 2 个时段的地面测量温度数据和 MSG-SEVIRI 地表温度数据：①时段 A，从第一天日出到第二天日出，时长 24h；②时段 B，从第一天 9 点到第二天 3 点，时长 18h。选择时段 B 的原因是为了避免前一天晚上地表温度的冷却和第二天日出时太阳加热对模型拟合精度的影响。

（一）地面温度测量数据拟合结果

图 8-2 显示了 6 个模型拟合时段 A 内地面温度测量数据的精度。JNG06 和 GOT09 模型的拟合精度要优于其他模型的拟合精度，其主要原因是这 2 个模型都采用 6 个自由参数描述地表温度变化。虽然 VAN06 模型也采用 6 个自由参数描述地表温度变化，但是其拟合精度要低于 JNG06 和 GOT09 模型的拟合精度。GOT01 和 INA08 模型具有类似的拟合精度，其原因是这 2 个模型唯一的差别是采用不同的数学形式描述晚上的地表温度变化。GOT01_0 模型具有最差的拟合精度。

在图 8-2 中，GOT01_0、GOT01 和 INA08 模型的参数 ω 是通过式（8-2）计算得到。为了进一步分析这 3 个模型的拟合精度，本研究将这 3 个模型的参数 ω 也作为自由参数进行拟合，结果如图 8-3 所示。需要注意的是，其他 3 个模型的拟合精度在图 8-2 和图 8-3 中是一样的，但是为了便于模型之间的对比分析，仍然在图 8-3 中画出了其他 3 个模型的拟合精度。对比图 8-3 和图 8-2，除了 G2 站点之外，GOT01_0、GOT01、INA08 模型在其

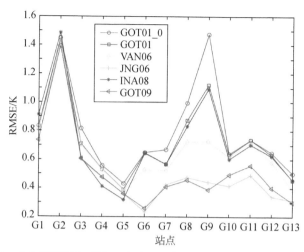

图 8-2　6 个模型拟合时段 A 内地面温度测量数据的精度（GOT01_0、
GOT01、INA08 模型的参数 ω 通过太阳几何计算得到)

他站点的拟合精度都得到了提高。GOT01 和 JNG06 模型具有类似的拟合精度，其原因为
JNG06 模型是 GOT01 模型的普适性表达形式。当 GOT01 模型的参数 ω 作为自由参数时，
GOT01 和 JNG06 在数学形式上是一致的。在大多数情况下，INA08 模型的拟合精度要优于
其他模型的拟合精度，其原因是该模型采用的双曲线函数能更准确地描述晚上的地表温度
变化。由于采用相对较少的自由参数来描述地表温度变化，GOT01_0 模型仍然具有最差
的拟合精度。

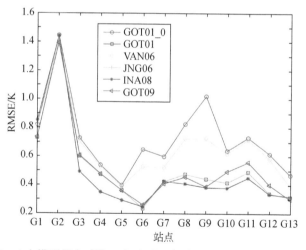

图 8-3　6 个模型拟合时段 A 内地面温度测量数据的精度（GOT01_0、
GOT01、INA08 模型的参数 ω 作为自由参数拟合得到)

从图 8-2 和图 8-3 可以看到，G2 和 G9 站点具有较大的 RMSE 值。为了进一步分析这
6 个模型在这 2 个站点的拟合精度，本研究对比了地面温度测量数据和这 6 个模型模拟的
地表温度数据（图 8-4）。

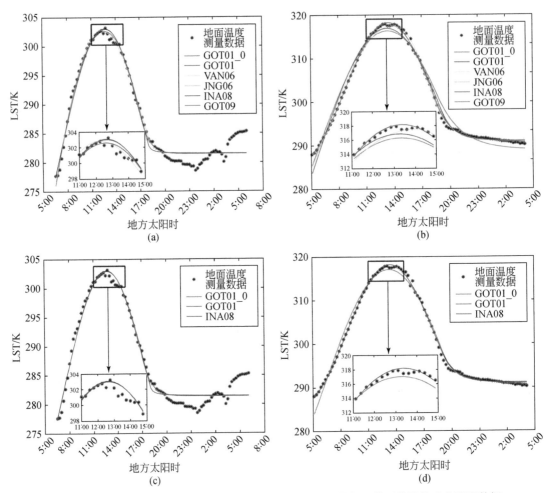

图 8-4　对比时段 A 内在 G2 和 G9 站点的地面温度测量数据和模型模拟的地表温度数据

在（a）和（b）中，GOT01_0、GOT01、INA08 模型的参数 ω 通过太阳
几何计算得到；在（c）和（d）中，这 3 个模型的参数 ω 作为自由参数拟合得到

　　如图 8-4（a）所示，这 6 个模型很好地拟合了 G2 站点白天的地表温度，但是不能很好地描述 t_s（t_s = 17.1h）时刻后的地表温度变化。其原因可能是 G2 站点晚上的地表温度变化没有遵循牛顿冷却定律，地表温度从 t_s 时刻开始下降，在大约 23：30 开始上升，直到第二天日出时刻。导致该现象的原因可能是：①大约在 23：30 出现了热空气的对流；②云的出现导致向下长波辐射的增加。

　　图 8-4（b）对比了在 G9 站点地面温度测量数据和这 6 个模型模拟的地表温度数据。除了 JNG06 和 GOT09 模型之外，其他模型在日出时段和最大温度出现时段都具有较大的拟合误差。GOT01_0 模型不能准确地描述晚上的地表温度变化，而其他模型在晚上具有类似的拟合精度。

　　图 8-4（c）和图 8-4（d）也分别描述了 G2 和 G9 站点的地表温度变化，但是在图 8-4（c）和图 8-4（d）中，GOT01_0、GOT01、INA08 模型的参数 ω 是作为自由参数

拟合得到的，而不是通过太阳几何计算得到的。与图 8-4（a）中的拟合精度相比较，由于 G2 站点晚上的热现象，这 3 个模型在图 8-4（c）中的拟合精度并没有明显提高。与图 8-4（b）中的拟合精度相比较，GOT01 和 INA08 模型在图 8-4（d）中的拟合精度得到了显著的提高，与图 8-3 显示的结果一样。在图 8-4（d）中，虽然 GOT01_0 模型在日出时段和最大温度出现时段仍然具有较大的拟合误差，但是该模型明显地改善了晚上的地表温度拟合精度。

　　为了避免前一天晚上地表温度的冷却和第二天日出时太阳加热对模型拟合精度的影响，本研究选择了时段 B 内的地面温度测量数据对这 6 个模型的拟合精度进行评估。图 8-5 显示了这 6 个模型拟合时段 B 内地面温度测量数据的结果。与图 8-2 相比较，除了 G2 站点受晚上的热现象影响之外，这 6 个模型在其他站点的拟合精度都得到了显著的提高。除了 GOT01_0 模型之外，其他 5 个模型在除了 G2 站点之外的其他所有站点的 RMSE 值都低于 0.5K。GOT01_0 模型具有较差的拟合精度是由于缺少参数 δT 来描述地表温度变化。因此，该模型不能准确地描述最大温度出现时段的地表温度变化，尤其是在 G2 和 G9 站点。如果将 GOT01_0、GOT01、INA08 模型的参数 ω 作为自由参数，这 3 个模型在时段 B 内的拟合精度也会得到进一步的提高。

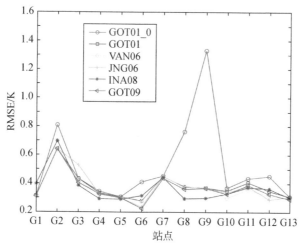

图 8-5　6 个模型拟合时段 B 内地面温度测量数据的精度（GOT01_0、GOT01 和 INA08 模型的参数 ω 通过太阳几何计算得到)

（二）MSG-SEVIRI 数据拟合结果

　　本研究利用 2004 年 7 月 14 日、2005 年 7 月 2 日、2006 年 7 月 1 日的 MSG-SEVIRI 地表温度数据，对 6 个模型的拟合精度进行了评估。图 8-6 显示了 6 个模型拟合时段 A 内 MSG-SEVIRI 地表温度数据的精度。与图 8-2 相比较，除了 JNG06 和 GOT09 模型之外，其他模型拟合 MSG-SEVIRI 地表温度数据的 RMSE 值都大于相应的拟合地面温度测量数据的 RMSE 值。其原因可能是 MSG-SEVIRI 地表温度具有反演误差。JNG06 和 GOT09 模型具有最优的拟合精度，在所有站点的 RMSE 值都在 0.5K 左右。VAN06 模型具有较好的拟合精度，但是其 RMSE 值仍然大于 JNG06 和 GOT09 模型的 RMSE 值。GOT01 和 INA08 模型具有类似的拟合精度，其 RMSE 值在 0.7～1.4K 之间。GOT01_ 0 模型具有最差的拟合精度，其在站点 S4 和 S6 的 RMSE 值约为 1.7K。

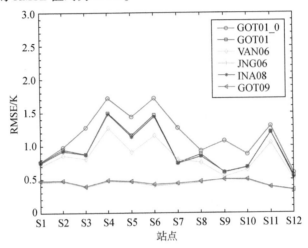

图 8-6　6 个模型拟合时段 A 内 MSG-SEVIRI 地表温度数据的精度（GOT01_ 0、
GOT01、INA08 模型的参数 ω 是通过太阳几何计算得到）

图 8-7 显示了将 GOT01_ 0、GOT01、INA08 模型的参数 ω 作为自由参数拟合 MSG-SEVIRI 地表温度数据的结果。与图 8-6 相比较，除了 GOT01_ 0 模型之外，GOT01 和 INA08 模型的拟合精度得到了显著的提高。GOT01、JNG06、INA08 和 GOT09 四个模型的拟合精度几乎一样，在所有站点的 RMSE 值都约为 0.5K。即使将 GOT01_ 0 模型的参数 ω 作为自由参数，该模型仍然具有最差的拟合精度。

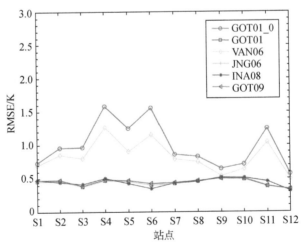

图 8-7　6 个模型拟合时段 A 内 MSG-SEVIRI 地表温度数据的精度（GOT01_ 0、
GOT01、INA08 模型的参数 ω 作为自由参数拟合得到）

图 8-8（a）和图 8-8（b）分别显示了 6 个模型拟合时段 A 内在 S4 和 S6 站点的 MSG-SEVIRI 地表温度数据的结果。S4 和 S6 站点的地表类型分别为石漠和稀疏草地。除了

JNG06 和 GOT09 模型之外，其他模型在日出时段和最大温度出现时段具有较大的拟合误差。然而，除了 GOT01_0 模型之外，其他模型都能很好地描述晚上的地表温度变化。

图 8-8（c）和图 8-8（d）也分别显示了 S4 和 S6 站点的地表温度变化，但是 GOT01_0、GOT01、INA08 模型的参数 ω 作为自由参数拟合得到。与图 8-8（a）和图 8-8（b）相比较，在图 8-8（c）和图 8-8（d）中，GOT01 和 INA08 模型的拟合精度得到了明显的提高，尤其是在日出时段和最大温度出现时段。在此情况下（参数 ω 作为自由参数拟合得到），GOT01 和 INA08 模型的拟合精度与 JNG06 和 GOT09 模型几乎一样。当 GOT01_0 模型的参数 ω 作为自由参数时，其提高了晚上的地表温度拟合精度，但是仍然难以很好地描述日出时段和最大温度出现时段的地表温度变化。其原因是 GOT01_0 模型缺少参数 δT 来描述地表温度变化。需要注意的是，虽然参数 ω 作为自由参数提高了模型的拟合精度，但是其物理意义目前还难以解释。

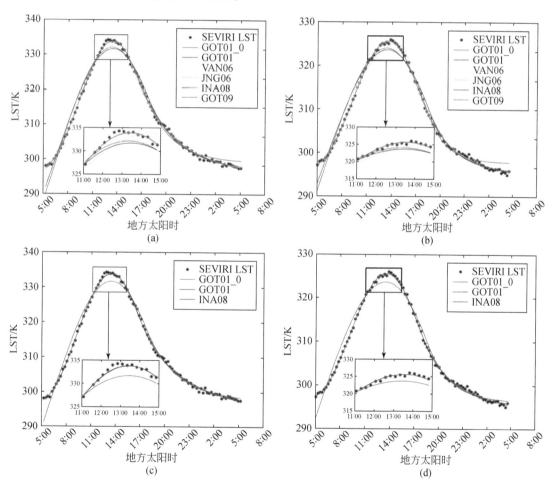

图 8-8　对比时段 A 内在 S4 和 S6 站点的 MSG-SEVIRI 地表温度数据和
模型模拟的地表温度数据

在（a）和（b）中，GOT01_0、GOT01、INA08 模型的参数 ω 通过太阳几何计算得到；
在（c）和（d）中，这 3 个模型的参数 ω 作为自由参数拟合得到

　　本研究利用时段 B 内的 MSG-SEVIRI 地表温度数据，对 6 个模型的拟合精度进行了评估（图 8-9）。除了 GOT01_ 0 模型之外，其他模型具有几乎一样的拟合精度，其 RMSE 值在 0.5K 左右。与图 8-6 相比较，GOT01_ 0、GOT01、VAN06 和 INA08 四个模型的地表温度拟合精度都得到了提高。GOT01、VAN06、INA08 模型与 JNG06 和 GOT09 模型相比，具有类似的拟合精度。GOT01_ 0 模型的拟合精度较低，其 RMSE 值在0.4 ~ 0.7K 之间。

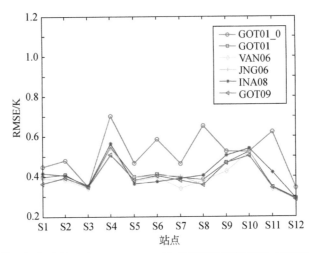

图 8-9　6 个模型拟合时段 B 内 MSG-SEVIRI 地表温度数据的精度（GOT01_ 0、GOT01、
INA08 模型的参数 ω 通过太阳几何计算得到）

（三）模型整体精度评估

　　本研究利用所有的地面温度测量数据和 MSG-SEVIRI 地表温度数据，分别评估了 6 个模型的整体精度。图 8-10 显示了这 6 个模型在时段 A 和时段 B 内，分别拟合地面温度测量数据和 MSG-SEVIRI 地表温度数据的整体 RMSE 值。对于地面温度测量数据，这 6 个模型在时段 A 内的整体 RMSE 值在 0.6 ~ 0.9K 之间。对于 MSG-SEVIRI 地表温度数据，这 6 个模型在时段 A 内的整体 RMSE 值在 0.4 ~ 1.2K 之间。JNG06 和 GOT09 模型的整体精度优于其他模型的整体精度。然而，对于地面温度测量数据和 MSG-SEVIRI 地表温度数据，这 6 个模型在时段 B 内的整体 RMSE 值都在 0.4 ~ 0.6K 之间。除了 GOT01_ 0 模型之外，其他模型对于这 2 个数据具有几乎一样的整体 RMSE 值。

　　图 8-11 显示了 GOT01_ 0、GOT01、INA08 模型拟合时段 A 内地面温度测量数据和 MSG-SEVIRI 地表温度数据的整体精度，模型参数 ω 分别通过太阳几何计算得到和作为自由参数拟合得到。从图 8-11 中可以看出，参数 ω 作为自由参数显著地提高了模型的整体精度。当参数 ω 作为自由参数时，除了 GOT01_ 0 模型之外，其他 2 个模型具有与 JNG06 和 GOT09 模型几乎一样的整体精度。

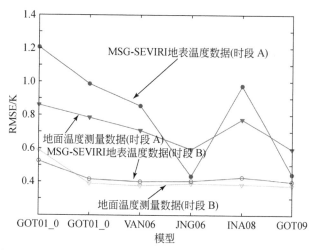

图 8-10 6 个模型分别拟合时段 A 和时段 B 内地面温度测量数据
和 MSG-SEVIRI 地表温度数据的整体精度

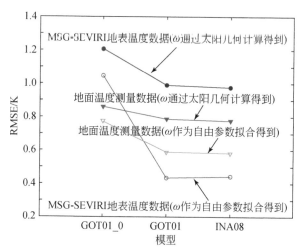

图 8-11 GOT01_0、GOT01、INA08 模型拟合时段 A 内地面温度测量数据
和 MSG-SEVIRI 地表温度数据的整体精度
模型参数 ω 分别通过太阳几何计算得到和作为自由参数拟合得到

第九章 地表温度日变化模型的改进和发展

本章首先以第八章 6 个模型的比较分析为基础，从模型参数和模型拟合精度的角度出发，确定了以 INA08 模型作为改进研究对象，继而通过发展 ω 参数的计算方法对 INA08 模型进行改进，建立了 INA08_1 模型。同时为了进一步提高日出时段的地表温度拟合精度，建立了地表温度多天连续变化（day-to-day temporal progression, DDTP）模型。最后利用地面温度测量数据和 MSG-SEVIRI 地表温度数据，对 INA08 模型、INA08_1 模型、DDTP 模型的地表温度拟合精度进行了比较分析。

第一节 地表温度日变化模型改进研究对象确定

为了提高地表温度日变化模型在日出时段和最大温度出现时段的拟合精度，本研究将 INA08 作为模型改进的研究对象，具体原因如下：

第一，从第八章分析可以看出，JNG06 和 GOT09 是 6 个模型中拟合精度最高的模型，GOT01 和 INA08 模型居其次，且与前 2 个模型的拟合精度差别不大。与 JNG06 和 GOT09 模型包含 6 个自由参数相比较，GOT01 和 INA08 模型包含 5 个自由参数，可通过参数近似计算来减少模型自由参数。

第二，VAN06 模型的地表温度拟合精度不高，而且包含 6 个自由参数，故本研究没有将其作为模型改进的备选对象。

第三，虽然 GOT01_0 模型只包含 4 个自由参数，但在 6 个模型中对地表温度的拟合精度最低，而且很难对其做进一步提高精度的改进，故本研究也没有将其作为模型改进的研究对象。

第四，GOT01 和 INA08 是两个最相似的模型，但在描述晚上的地表温度变化时，前者的精度不如后者，故本研究将 INA08 作为模型改进研究的首选。

第五，在下面的研究中，从热传导方程中推导出新的 ω 计算方法，实现对 INA08 模型的改进，进一步提高地表温度的拟合精度。故而，本研究将 INA08 确定为最终的改进研究对象。

第二节 地表温度日变化模型的改进研究
——INA08_1 模型建立

本研究以 INA08 模型作为改进研究对象，其数学表达见式（8-2）、式（8-11）和式（8-12）。

在不考虑土壤内部水热对流交换及热源热汇问题的条件下，假定土壤层为半无限大的均匀介质，土壤温度的变化可以通过热传导方程表示为（Xue and Cracknell, 1995）

$$\frac{K}{\rho c}\frac{\partial^2 T(z,t)}{\partial z^2}=\frac{\partial T(z,t)}{\partial t} \tag{9-1}$$

式中，K 为热传导率（J/m·s·K）；ρ 为物质密度（kg/m³）；c 为物质比热容（J/kg·K）；T（z，t）为在 z 深度和 t 时刻的温度（K）。

式（9-1）的余弦函数解表示为

$$T(z,t)=a+b\cos\left[\frac{\pi}{\omega}(t-t_{\mathrm{m}})-\frac{z}{D}\right]\exp\left(-\frac{z}{D}\right) \tag{9-2}$$

式中，D 为阻尼深度，$D=(2\omega K/\pi\rho c)^{1/2}$；$a$ 和 b 为未知系数。

定义热量向下传输为正，地表热通量 G（0，t）可以通过式（9-2）得到：

$$G(0,t)=-K\frac{\partial T}{\partial z}\Big|_{z=0}=-\frac{Kb}{D}\cos\left[\frac{\pi}{\omega}(t-t_{\mathrm{m}})+\frac{\pi}{4}\right] \tag{9-3}$$

假定 G（0，t）在日出时刻 t_{sr} 为 0，即 G（0，t_{sr}）= 0，参数 ω 通过式（9-3）在余弦函数等于 $-\pi/2$ 处计算得到：

$$\omega-\frac{4}{3}(t_{\mathrm{m}}\quad t_{\mathrm{sr}}) \tag{9-4}$$

本研究利用式（9-4）替代式（8-2），从而实现对 INA08 模型的改进，并将改进后的模型称为 INA08_1。改进后的模型 INA08_1 与 INA08 具有相同的自由参数，即 T_0、T_{a}、δT、t_{m}、t_{s}。

第三节　地表温度多天连续变化（DDTP）模型建立

根据式（8-11），第 n 天晚上部分的地表温度表示为

$$T_{\mathrm{night}}^{n}(t)=T_0^n+\delta T^n+\left\{T_{\mathrm{a}}^n\cos\left[\frac{\pi}{\omega^n}(t_{\mathrm{s}}^n-t_{\mathrm{m}}^n)\right]-\delta T^n\right\}\frac{k^n}{k^n+t-t_{\mathrm{s}}^n} \tag{9-5}$$

第 $n+1$ 天白天部分的地表温度表示为

$$T_{\mathrm{day}}^{n+1}(t)=T_0^{n+1}+T_{\mathrm{a}}^{n+1}\cos\left[\frac{\pi}{\omega^{n+1}}(t-t_{\mathrm{m}}^{n+1})\right] \tag{9-6}$$

通过第 n 天晚上部分的地表温度和第 $n+1$ 天白天部分的地表温度，在最小温度出现时刻处（t_{min}）连续，第 $n+1$ 天的参数 T_0 表示为

$$\begin{aligned}T_0^{n+1}=&T_0^n+\delta T^n+\left\{T_{\mathrm{a}}^n\cos\left[\frac{\pi}{\omega^n}(t_{\mathrm{s}}^n-t_{\mathrm{m}}^n)\right]-\delta T^n\right\}\frac{k^n}{k^n+t_{\mathrm{min}}^{n+1}-t_{\mathrm{s}}^n}\\&-T_{\mathrm{a}}^{n+1}\cos\left[\frac{\pi}{\omega^{n+1}}(t_{\mathrm{min}}^{n+1}-t_{\mathrm{m}}^{n+1})\right]\end{aligned} \tag{9-7}$$

式中，上标 n 和 $n+1$ 分别代表第 n 天和第 $n+1$ 天。

基于 INA08_1 模型，结合式（9-5）~式（9-7），可以得到 DDTP 模型。在 $n\geqslant 2$ 天时，DDTP 模型包括 $5n$ 个自由参数：每一天的 T_{a}、δT、t_{m} 和 t_{s}；第一天的 T_0 以及其他天的 t_{min}。

为了进一步减少 DDTP 模型的自由参数，本研究假定每一天的 t_{min} 都相等。因此，在 n

≥2 天时，DDTP 模型包括 $4n+2$ 个自由参数：每一天的 T_a、δT、t_m、t_s；第一天的 T_0 以及 t_{min}。除了第一天之外，其他天的 T_0 值通过式（9-7）计算得到。每一天的 ω 值通过式（9-4）计算得到。

第四节　数据介绍

地面温度测量数据和静止卫星反演的地表温度数据都可以提供地表温度日变化数据。为了分析 INA08、INA08_1、DDTP 模型的拟合精度，本研究收集了 1 组地面温度测量数据和 3 组 MSG-SEVIRI 地表温度数据。这些数据位于不同的地理位置和地表类型（表 9-1）。

表 9-1　地面测量数据和 MSG-SEVIRI 数据描述

序号	日期	经度	纬度	地表类型
A	1992 年 10 月 4～7 日	2.569° E	13.555° N	草地和裸地混交地带
B	2008 年 8 月 2～5 日	7.945° W	40.872° N	常绿针叶乔木
C	2008 年 8 月 2～5 日	7.486° W	37.797° N	落叶灌木地带
D	2008 年 8 月 2～5 日	11.598° E	32.252° N	裸地

由于需要多天连续的地表温度日变化数据，本研究只收集到 1 组地面温度测量数据。选择 4 天连续的地表温度日变化数据只是作为例子，用于评估 DDTP 模型拟合多天连续的地表温度日变化数据的精度。

地面温度测量数据来自 HAPEX-Sahel 野外试验，该试验位于西非撒哈拉沙漠地区。为了减小地面风条件对地面温度测量数据的影响，本研究将地面温度测量数据以 10min 为间隔进行平均处理。

MSG-SEVIRI 地表温度数据是利用 Jiang 等（2006）以及 Jiang 和 Li（2008）提出的算法反演得到的。3 组 MSG-SEVIRI 地表温度数据分别属于不同的地表类型。选择这些 MSG-SEVIRI 地表温度数据的主要原因是 8 月的北非和伊比利亚半岛地区具有较多的晴天。

第五节　结果和讨论

（一）INA08 和 INA08_1 模型拟合精度的对比分析

本研究利用位置点 A 的地面温度测量数据和位置点 B、C、D 的 MSG-SEVIRI 地表温度数据，对 INA08 和 INA08_1 模型的拟合精度进行了对比分析。图 9-1 显示了这 2 个模型在这 4 个位置点的地表温度差值（模拟的地表温度数据减去地面温度测量数据或者 MSG-SEVIRI 地表温度数据）。这 2 个模型在拟合晚上的地表温度时没有明显的差异，因此图 9-1 只显示了从日出时刻到 t_s 时刻附近的地表温度差值。

从图 9-1 可以看出，根据地表温度差值以及 RMSE 值，INA08_1 模型在日出时段和最大温度出现时段的拟合精度高于 INA08_1 模型。在日出时刻附近，INA08 模型的地表温度差值在位置点 A、B、C、D 分别约为 -4.5K、-3K、-2.4K、-4K，而 INA08_1 模型在

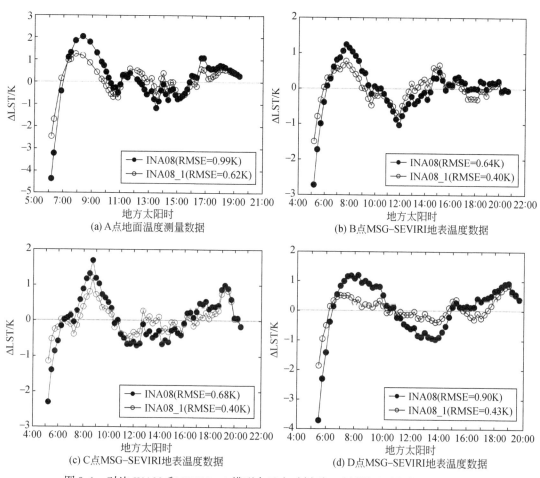

图 9-1　对比 INA08 和 INA08_1 模型在日出时刻到 t_s 时刻附近时段内的拟合精度

相应位置点的值分别约为–2.5K、–1.5K、–1.2K、–2K。INA08 模型的 RMSE 值在位置点 A、B、C、D 分别为 0.99K、0.64K、0.68K、0.90K，而 INA08_1 模型在相应位置点的值分别为 0.62K、0.40K、0.40K、0.43K。

INA08_1 模型拟合精度高于 INA08 模型的主要原因是，利用式（9-4）计算的 ω 值，要小于利用式（8-2）计算的 ω 值。更小的 ω 值导致 INA08_1 模型中余弦函数的形状变得更窄。正如 Göttsche 和 Olesen（2009）所述，真正的地表温度日变化，并不能完全由太阳几何表示的余弦函数形式来描述。在太阳天顶角较大的情况下（即空气质量较大时），真正的地表温度日变化受大气衰减的影响，导致更窄的余弦函数形状。因此，INA08_1 模型比 INA08 模型具有更高的拟合精度。需要注意的是，虽然 INA08_1 模型进一步提高了拟合精度，但是它仍然不能非常好地描述日出时刻附近的地表温度变化。

（二）DDTP 模型拟合结果

图 9-2 是 DDTP 模型拟合地面测量温度数据和 MSG-SEVIRI 地表温度数据的结果。从图 9-2 可以看出，DDTP 模型具有很好的拟合精度，其 RMSE 值都优于 1 K。利用 DDTP 模

型拟合多天连续的地表温度日变化数据，可以得到与地表热属性相关的模型参数。这些参数的值取决于整体的地表温度数据质量，而不会受局部的地表温度数据质量的影响，如短时间云覆盖所造成的数据间断［图9-2（a）］，或者没有探测到的云所引起的数据异常［图9-2（b）］。因此，DDTP模型可以用来插值丢失的数据，或者用于改进云掩膜算法。

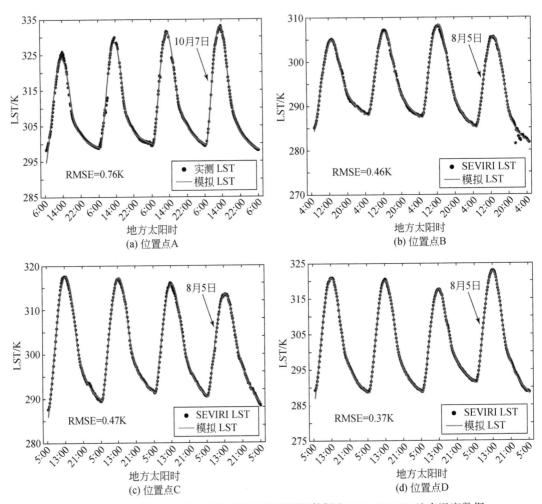

图9-2　DDTP模型拟合多天连续的地面温度测量数据和MSG-SEVIRI地表温度数据

需要指出的是，DDTP模型的拟合精度取决于地表温度数据质量，以及大气状况和地面风条件。成功应用DDTP模型需要2天或者多天的几乎无云的地表温度日变化数据。这些条件在干旱半干旱地区能够得到满足。

图9-3显示了INA08_ 1和DDTP模型分别拟合地面温度测量数据和MSG-SEVIRI地表温度数据的结果。INA08_ 1和DDTP模型在拟合11：00以后的地表温度时没有明显的差异，因此在图9-3中只显示了从日出时刻到11：00附近时段内的地表温度差值。

从图9-3可以看出，根据地表温度差值和RMSE值，DDTP模型比INA08_ 1模型具有较高的拟合精度。在日出时刻附近，INA08_ 1模型在4个位置点的地表温度差值分别约

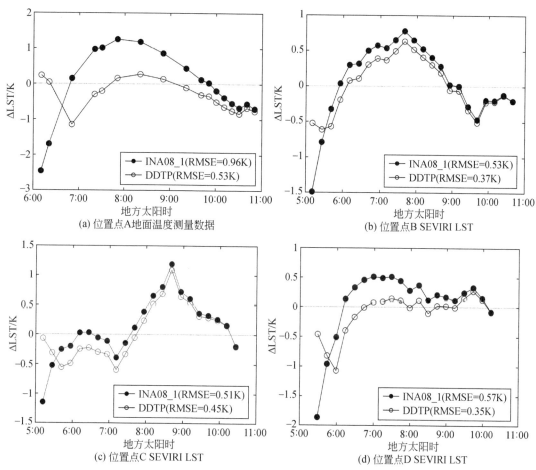

图 9-3　对比 INA08_1 和 DDTP 模型在日出时刻到 11：00 附近时段内的拟合精度

为 -2.5K、-1.5K、-1K、-2K，而 DDTP 模型在相应位置点的地表温度差值分别约为 -1K、-0.5K、-0.5K、-1K。另外，INA08_1 模型在 4 个位置点的 RMSE 值分别为 0.96K、0.53K、0.51K、0.57K，而 DDTP 模型在相应位置点的 RMSE 值分别为 0.53K、0.37K、0.45K、0.35K。DDTP 模型拟合精度优于 INA08_1 模型的主要原因是 DDTP 模型考虑了地表温度在 t_{min} 时刻的连续。

　　DDTP 模型的应用之一是根据有限的卫星观测数据进行数据插值，从而得到任意时刻的观测数据。为了评估 DDTP 模型的插值精度，本研究从地面测量温度数据或者 MSG-SEVIRI 地表温度数据中，选取 6 个数据，其观测时间分别对应 NOAA-AVHRR 和 MODIS 的过境时间，即 1：30、7：30、10：30、13：30、19：30、22：30。其他时刻的温度数据用来验证 DDTP 模型的插值精度。根据 6 个地面温度测量数据或者 MSG-SEVIRI 地表温度数据，利用 DDTP 模型模拟一天 6 个地面温度测量数据或者 MSG-SEVIRI 地表温度数据如图 9-4 所示。

　　从图 9-4 可以看出，利用 DDTP 模型模拟的地表温度数据，与地面温度测量数据或者 MSG-SEVIRI 地表温度数据都比较一致，其 RMSE 值优于 1.50K。对比图 9-4 和图 9-2 可以

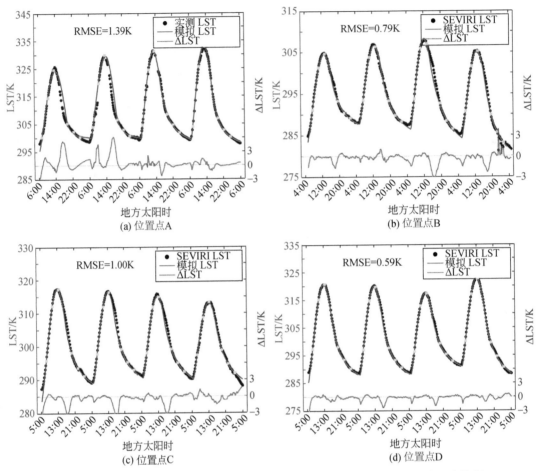

图 9-4　DDTP 模型拟合一天 6 个地面温度测量数据或者 MSG-SEVIRI 地表温度数据

图中的方块代表对应 NOAA-AVHRR 和 MODIS 过境时间的观测数据（1：30、7：30、10：30、13：30、19：30、22：30）

看出，DDTP 模型拟合一天 6 个观测数据的 RMSE 值，与 DDTP 模型拟合多天连续观测数据的 RMSE 值相比，前者是后者的 2 倍。在大约 15：00 到 18：00 的时间段内缺少观测数据，因此在该时段内出现较大的拟合误差。如果在该时间段内增加一个观测数据，那么地表温度的拟合精度可以得到提高。另外，如果这 6 个观测数据的时间分布更为均匀（如 1：00、5：00、9：00、13：00、17：00、21：00），那么地表温度的拟合精度也可以得到提高。

第十章　地表温度日变化模型参数估算

利用地表温度日变化模型拟合地表温度日变化数据，可以得到与地表热属性相关的模型参数。但是，受大气和地表比辐射率的影响，利用卫星数据准确地反演地表温度在目前仍然比较困难，因此从卫星数据获取区域尺度上的地表温度日变化模型参数也比较困难。静止卫星具有较高的时间分辨率，如 MSG-SEVIRI 每 15min 获取一次数据，GOES 每 30min 获取一次数据，因此静止卫星数据可以描述地表温度日变化。本章的目的是在不需要反演地表温度和比辐射率的情况下，发展从静止卫星数据直接估算地表温度日变化模型参数的方法。

第一节　研究区域概况和数据介绍

（一）研究区域概况

研究区域范围为 15°E ~ 15°W，30°N ~ 48°N。该研究区域位于地中海区域，属于典型的地中海气候，夏季干热少雨，冬季温暖湿润。研究区域的地表覆盖类型主要为裸地、农田、稀疏灌丛（图10-1）。

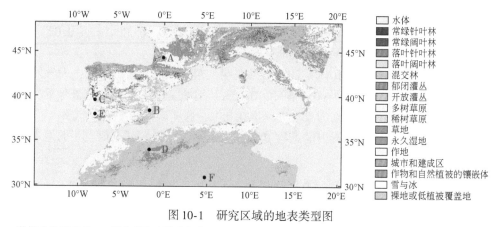

图 10-1　研究区域的地表类型图

数据来自 MODIS 5.1 版本的地表类型产品 MCD12Q1，6 个像元用来评估地表温差日变化模型的拟合精度

（二）MSG-SEVIRI 数据介绍

本研究从欧洲气象卫星应用组织的对地观测网站上（https：//eoportal. eumetsat. int/，2019/1/5）下载了 2 种 MSG-SEVIRI 产品，包括：①1.5 级别图像产品；②云掩膜产品。1.5 级别图像产品为经过地理定位和辐射定标后的数据。这些数据通过 SEVIRI 预处理工具箱 SPT 转换为星上亮温。地表温度是利用 MSG-SEVIRI 通道 9 和通道 10 星上亮温反演得到。云掩膜产品像元分为 4 种类型：①有云像元；②晴空陆地像元；③晴空海面像元；

④没有处理的像元。本研究只使用晴空陆地像元。

第二节　地表温度日变化模型参数估算方法

Coll 和 Caselles（1997）提出一种劈窗算法从 NOAA-AVHRR 数据反演地表温度。该算法分别考虑地表比辐射率和大气水汽含量对地表温度的影响，并应用于 MSG-SEVIRI 数据的地表温度反演（Niclòs et al., 2011），其公式表示为

$$T_s = T_9 + a(T_9 - T_{10}) + b(T_9 - T_{10})^2 + c + B(\varepsilon, W) \tag{10-1}$$

式中，T_s 为地表温度；T_9 和 T_{10} 分别为 MSG-SEVIRI 通道 9 和通道 10 星上亮温；a、b、c 为与地表条件无关的大气系数；系数 B 为地表比辐射率和大气水汽含量的函数，表示为

$$B(\varepsilon, W) = (\alpha_0 + \alpha_1 W)(1 - \varepsilon) - (\beta_0 + \beta_1 W + \beta_2 W^2)\Delta\varepsilon \tag{10-2}$$

式中，$\varepsilon = (\varepsilon_9 + \varepsilon_{10})/2$，为 MSG-SEVIRI 通道 9 和通道 10 比辐射率的平均值；$\Delta\varepsilon = \varepsilon_9 - \varepsilon_{10}$，为 MSG-SEVIRI 通道 9 和通道 10 比辐射率的差值；W 为大气水汽含量；$\alpha_0 = 54.68$；$\alpha_1 = -4.578$；$\beta_0 = 91.96$；$\beta_1 = -15.16$；$\beta_2 = 0.601$（Niclòs et al., 2011）。

在一天内地表比辐射率变化不大的假设条件下（Li and Becker, 1993），任意两个时刻的大气水汽含量变化导致系数 B 的变化可以由式（10-2）推导得到：

$$\Delta B = [\alpha_1(1-\varepsilon) - \beta_1\Delta\varepsilon](W_i - W_j) - \beta_2\Delta\varepsilon(W_i^2 - W_j^2) \tag{10-3}$$

式中，W_i 和 W_j 分别为 i 和 j 时刻的大气水汽含量。

为了通过式（10-3）计算大气水汽含量的变化导致系数 B 的变化，本研究假定一天内任意两个时刻的大气水汽含量之和为 10g/cm^2，之差为 1g/cm^2（Sobrino and El Kharrza, 1999）。同时，给定 2 个像元的地表比辐射率：沙地（$\varepsilon = 0.96$ 和 $\Delta\varepsilon = -0.02$）和植被（$\varepsilon = 0.99$ 和 $\Delta\varepsilon = 0$）（Sobrino and El Kharrza, 1999）。

通过上述假定，利用式（10-3）计算结果表明，对于沙地和植被像元，大气水汽含量的变化导致系数 B 的变化分别为 -0.37K 和 -0.05K。因此，对于沙地和植被像元，系数 B 的变化导致地表温度的变化分别为 -0.37K 和 -0.05K，这些误差几乎可以忽略。

根据以上分析，可以将一天内的系数 B 假定为常数。由此，任意时刻 t 的地表温度可以表示为

$$T_s(t) = T_9(t) + a[T_9(t) - T_{10}(t)] + b[T_9(t) - T_{10}(t)]^2 + c + B \tag{10-4}$$

根据式（10-4），任意时刻 t 的地表温度和某个参考时刻 t_r 的地表温度之差表示为

$$\begin{aligned}\Delta T_s(t) &= T_s(t) - T_s(t_r) \\ &= T_9(t) + a[T_9(t) - T_{10}(t)] + b[T_9(t) - T_{10}(t)]^2 - \\ &\quad \{T_9(t_r) + a[T_9(t_r) - T_{10}(t_r)] + b[T_9(t_r) - T_{10}(t_r)]^2\}\end{aligned} \tag{10-5}$$

在式（10-5）中，a 和 b 是与地表条件无关的大气系数。在 $\varepsilon = 1$ 和 $\Delta\varepsilon = 0$ 的条件下，这 2 个系数可以通过回归分析 $T_s - T_9$ 和 $T_9 - T_{10}$ 计算得到。T_9 和 T_{10} 是在不同的大气状况和地表条件下由大气辐射传输模型 MODTRAN 模拟得到。Niclòs 等（2011）给出了计算系数 a 和 b 的详细步骤。MSG-SEVIRI 的观测天顶角具有较大的范围，因此 Niclòs 等（2011）指出，为了得到任意角度下的系数 a 和 b，系数 a 和 b 要表示成观测天顶角的函数，即 $a(\theta) = a_0 + a_1[\sec(\theta) - 1]$ 和 $b(\theta) = b_0 + b_1[\sec(\theta) - 1]$。Niclòs 等（2011）给出的 a_0、a_1、

b_0、b_1 值分别为 1.07、-0.04、0.259、0.165。当获得 MSG-SEVIRI 通道 9 和通道 10 的星上亮温后,可以通过式(10-5)计算得到地表温差日变化数据。

INA08_1 模型可以用下述公式表达:

$$T_s^d(t) = T_0 + T_a \cos\left[\frac{\pi}{\omega}(t - t_m)\right], \quad t < t_s \tag{10-6}$$

$$T_s^m(t) = T_0 + \delta T + \left\{T_a \cos\left[\frac{\pi}{\omega}(t_s - t_m)\right] - \delta T\right\}\frac{k}{(k + t - t_s)}, \quad t \geq t_s \tag{10-7}$$

其中

$$\omega = \frac{4}{3}(t_m - t_{sr}) \tag{10-8}$$

$$k = \frac{\omega}{\pi}\left\{\tan^{-1}\left[\frac{\pi}{\omega}(t_s - t_m)\right] - \frac{\delta T}{T_a}\sin^{-1}\left[\frac{\pi}{\omega}(t_s - t_m)\right]\right\} \tag{10-9}$$

式中,T_s^d 和 T_s^m 分别为白天和晚上部分的地表温度;T_0 为日出时刻附近的初始温度;T_a 为温度的幅度;ω 为余弦函数半周期宽;t_m 为最大温度出现的时刻;t_s 为温度开始衰减的时刻;δT 为 T_0 和 $T(t \to \infty)$ 之间的温差;k 为衰减系数。该地表温度日变化模型具有 5 个自由参数,即 T_0、T_a、δT、t_m、t_s。参数 ω 和 k 分别通过式(10-8)和式(10-9)计算得到,t_{sr} 通过太阳几何计算得到。

从式(10-6)和式(10-7)可以看出,当 $t = t_m$ 时,地表温度达到最大值,即 $T_{max} = T_0 + T_a$;当 $t = \infty$ 时,地表温度达到最小值,即 $T_{min} \approx T_0 + \delta T$。根据地表温度日较差(diurnal temperature range,DTR)的定义,地表温度日较差表示为

$$\text{DTR} = T_{max} - T_{min} \approx T_a - \delta T \tag{10-10}$$

设定某个时刻为参考时刻 t_r,如 13:00 UTC,任意时刻 t 和参考时刻 t_r 之间的地表温差日变化表示为

$$\Delta T_s^d(t) = T_s^d(t) - T_s^d(t_r), \quad t < t_s \tag{10-11}$$

$$\Delta T_s^m(t) = T_s^m(t) - T_s^d(t_r), \quad t \geq t_s \tag{10-12}$$

根据式(10-6)和式(10-7),任意时刻 t 和参考时刻 t_r 之间的地表温差日变化也可以表示为式(10-13)和式(10-14)。本研究将式(10-13)和式(10-14)称为地表温差日变化模型。

$$\Delta T_s^d(t) = T_a \cos\left[\frac{\pi}{\omega}(t - t_m)\right] - T_a \cos\left[\frac{\pi}{\omega}(t_r - t_m)\right], \quad t < t_s \tag{10-13}$$

$$\Delta T_s^m(t) = \delta T + \left\{T_a \cos\left[\frac{\pi}{\omega}(t_s - t_m)\right] - \delta T\right\}\frac{k}{(k + t - t_s)}$$
$$- T_a \cos\left[\frac{\pi}{\omega}(t_r - t_m)\right], \quad t \geq t_s \tag{10-14}$$

在地表温差日变化模型中,模型左边的地表温差日变化数据由式(10-5)或者式(10-11)和式(10-12)从 MSG-SEVIRI 通道 9 和通道 10 的星上亮温计算得到。通过地表温差日变化模型拟合地表温差日变化数据,可以直接得到地表温度日变化模型 5 个参数中的 4 个参数(即 T_a、δT、t_m、t_s),而不需要反演地表温度和比辐射率。本研究将参考时刻 t_r 固定在 MSG-SEVIRI 的一个观测时刻(12:57 UTC)。实际上,参考时刻 t_r 可以设置为

MSG-SEVIRI 的任意一个观测时刻，而不会对地表温度日变化模型参数值造成影响。

本方法具有 3 个优点：①从静止卫星的星上亮温数据可以得到地表温差日变化数据；②不需要反演地表温度和比辐射率，可以直接得到地表温度日变化模型参数；③从地表温度日变化模型参数可以估算地表温度日较差。

但是，本方法也具有 2 个不足之处：①只能应用于静止卫星数据；②成功地应用本方法需要几乎无云的地表温差日变化数据。

第三节　结果和讨论

（一）地表温度日变化模型参数的估算

本研究利用 2010 年 7 月 31 日 6 个 3×3 像元窗口的 MSG-SEVIRI 数据，对地表温差日变化模型 [式（10-13），式（10-14）] 的拟合精度进行评估。这 6 个 3×3 像元窗口属于不同地表类型，分别代表林地、灌木、有树草原、草地、农田和裸地，其中心像元位置显示在图 10-1 中，更详细的信息显示在表 10-1 中。这些像元的地表温差日变化数据通过式（10-4）从 MSG-SEVIRI 通道 9 和通道 10 的星上亮温计算得到。为了避免前一天晚上地表温度的冷却和第二天日出时太阳加热对模型拟合精度的影响，本研究只使用从日出后 2h 到第二天日出前 1h 的地表温差日变化数据。图 10-2 显示了地表温差日变化模型拟合这 6 个像元窗口中心像元的地表温差日变化数据的结果。对于这 6 个中心像元，拟合误差的 RMSE 值分别为 0.52K、0.49K、0.51K、0.48K、0.42K、0.32K。

表 10-1　6 个 3×3 像元窗口中心像元的详细信息

序号	经度	纬度	高程/m	地表类型
A	0.515°W	44.498°N	59.5	林地
B	1.818°W	38.365°N	525.1	灌木
C	7.972°W	39.678°N	300.0	有树草原
D	1.105°W	34.051°N	1187.8	草地
E	7.869°W	37.999°N	241.4	农田
F	4.970°E	30.997°N	180.0	裸地

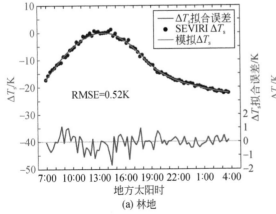

(a) 林地

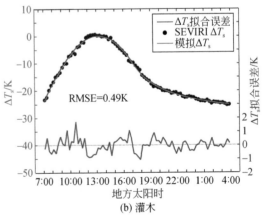

(b) 灌木

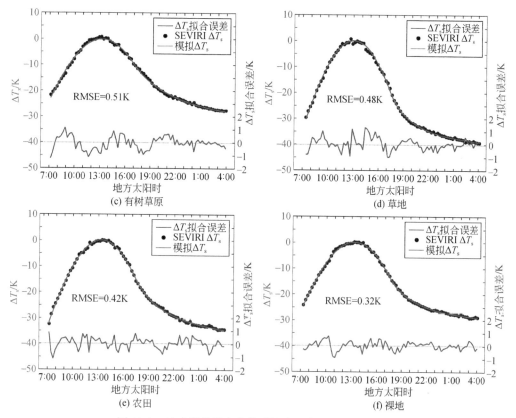

图 10-2　地表温差日变化模型拟合地表温差日变化数据

表 10-2 显示了 6 个像元窗口的地表温度日变化模型参数的均值和方差。为了对比植被区域和裸土区域的 DTR 值，根据地表类型，本研究将位置点 A、C、E 的像元归为植被像元，而将位置点 B、D、F 的像元归为裸土像元。一般来说，裸土像元的 DTR 值要高于植被像元的 DTR 值。但是，从表 10-2 可以看出，位置点 C 和 E 的 DTR 值要高于位置点 B 和 F 的 DTR 值。其原因为 DTR 值不仅受植被覆盖的影响，而且还受土壤湿度和地面风的影响。位置点 B 和 C 的 DTR 值具有较高的方差，其原因可能是在这 2 个位置点的地表具有较强的空间异质性和较高的土壤湿度变化。另外，植被像元的 t_m 和 k 值高于裸土像元的 t_m 和 k 值。

表 10-2　6 个像元窗口的地表温度日变化模型参数的均值和方差（均差±方差）

序号	T_a/K	δT/K	DTR*/K	t_m/h	t_s/h	k/h
A	29.8±0.6	0.1±0.7	29.7±0.9	13.46±0.09	17.97±0.20	5.38±0.21
B	39.0±2.3	7.4±1.3	31.6±2.2	13.15±0.07	16.97±0.18	3.98±0.15
C	37.4±0.9	−0.70±2.8	38.1±2.5	13.26±0.08	17.04±0.34	6.77±0.74
D	56.3±1.5	12.7±0.7	43.6±1.1	12.99±0.02	17.47±0.06	2.98±0.08
E	51.6±0.9	9.2±1.3	42.4±1.2	13.33±0.03	17.35±0.07	3.98±0.41
F	42.9±0.5	8.4±1.1	34.5±0.7	13.21±0.04	17.67±0.10	3.40±0.17

* DTR ≈ $T_a-\delta T$。

　　本研究利用 2010 年 1 月 28 日、4 月 9 日、7 月 31 日、10 月 1 日的所有晴空像元，对地表温差日变化模型的拟合精度进行统计分析。图 10-3 显示了地表温差日变化模型拟合地表温差日变化数据的 RMSE 值直方图。从图 10-3 可以看出，对于大部分像元，地表温差日变化模型拟合误差的 RMSE 值都优于 1K。为了进一步评估地表温差日变化模型的拟合精度，从这 4 天的像元中，各随机选择了 1 个 RMSE 值大于 1K 的像元，对其进行地表温差拟合，其拟合结果如图 10-4 所示。从图 10-4 可以看出，地表温差日变化模型在这 4 个像元具有较差的拟合精度，可能是 MSG-SEVIRI 云掩膜产品对云的识别精度不高造成的。

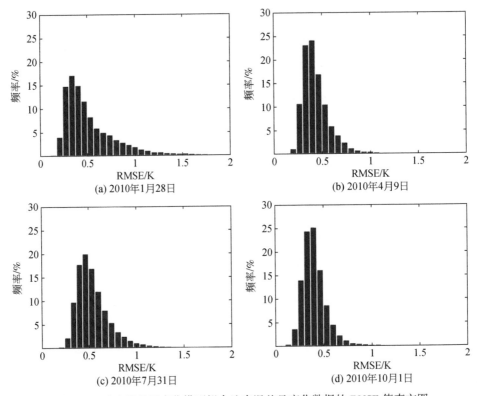

图 10-3　地表温差日变化模型拟合地表温差日变化数据的 RMSE 值直方图

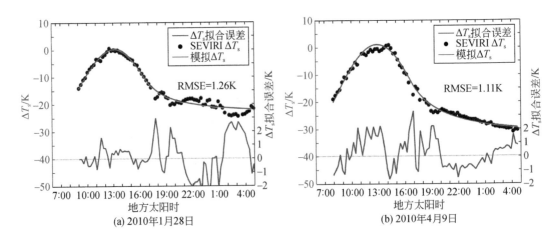

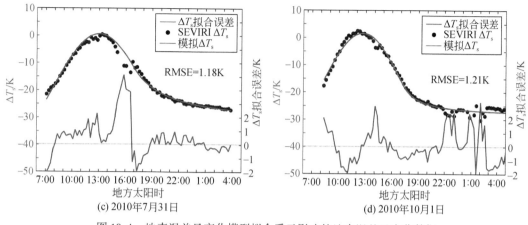

图 10-4 地表温差日变化模型拟合受云影响的地表温差日变化数据

利用地表温差日变化模型拟合地表温差日变化数据，可以得到地表温度日变化模型参数。这些参数的值取决于整体的地表温差日变化数据质量，而不会受局部的地表温差日变化数据质量的影响，如短时间云覆盖所造成的数据间断或者没有探测到的云所引起的数据异常。但是，地表温差日变化模型的拟合精度受地表温差日变化数据质量以及大气状况和地面风条件的影响。成功地应用地表温差日变化模型需要几乎无云的地表温差日变化数据。

（二）地表温度日变化模型参数的空间分布

地表温度日较差 DTR 近似等于 T_a 和 δT 两者的差值。当 T_a 和 δT 的值通过地表温差日变化模型拟合地表温差日变化数据获得后，地表温度日较差就可以通过式（10-10）计算得到。地表温度日较差、最大温度出现时刻 t_m、衰减系数 k 是表征地表热属性的重要参数，因此图 10-5 只显示了这 3 个参数的空间分布。为了分析这 3 个参数与其他参数（如地表类型、地表高程、归一化植被指数[①]）之间的关系，图 10-5 也显示了地表类型、地表高程、归一化植被指数的空间分布。

为了更好地分析这 3 个参数（地表温度日较差、最大温度出现时刻、衰减系数）与地表高程、归一化植被指数之间的关系，在研究区域内选择了 4 个子区域［图 10-5（a）］，分别包含了不同的地表类型、地表高程、归一化植被指数。子区域 1 的主要地表类型为林地和农田，地表高程小于 200m，归一化植被指数约为 0.8。子区域 2 的主要地表类型为有树草原和农田，地表高程在 200～500m 之间，归一化植被指数在 0.2～0.5 之间。子区域 3 的主要地表类型为灌木和农田，地表高程在 100～2000m 之间，归一化植被指数在 0.1～0.4 之间。子区域 4 的主要地表类型为裸地，地表高程小于 300m，归一化植被指数约为 0.1。

从图 10-5 可以看出，地表温度日较差与归一化植被指数在这 4 个子区域都呈负相关。

---

① normalized differential vegetation index，NDVI。

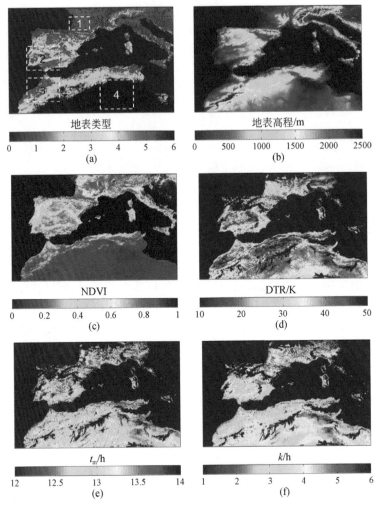

图 10-5　地表类型、地表高程、NDVI、DTR、t_m、k 的空间分布

高的归一化植被指数值对应低的地表温度日较差值（见子区域1）。相反，低的归一化植被指数值对应高的地表温度日较差值（见子区域2~4）。这些结论与 Sun 等（2006）的研究结果一致。地表温度日较差和地表高程没有明显的相关性，这一结论与 Göttsche 和 Olesen（2001）的研究结果一致。

最大温度出现时刻 t_m 与地表高程、归一化植被指数都有一定的相关性。由于植被的蒸散推迟了最大温度出现时刻，植被区域具有较高的 t_m 值（见子区域1）。与子区域1相比较，子区域2和子区域3具有相对较低的归一化植被指数值，因此具有相对较低的 t_m 值。子区域4具有高的 t_m 值，可能是该区域地表高程较低。

衰减系数 k 具有和热惯量类似的特性。例如，植被区域具有高的 k 值（见子区域1），而裸土区域具有较低的 k 值（见子区域4）。子区域2具有较高的 k 值是由于该区域具有热惯量较高的岩土（Sobrino and El Kharrza，1999）。另外，如 Göttsche 和 Olesen（2001）所指出的，地表高程越高，大气中的水汽含量越小，因此衰减系数与地表高程呈负相关（见子区域 3）。

（三）地表温度日变化模型参数的潜在应用

为了进一步分析地表温度日较差与归一化植被指数之间的关系，图 10-6 显示了 2010 年 1 月 28 日、4 月 9 日、7 月 31 日、10 月 1 日研究区域内的地表温度日较差与归一化植被指数的散点图。从图 10-6 可以看出，地表温度日较差与归一化植被指数 （DTR-NDVI）的空间分布呈三角形或者梯形。对于裸露地表，低的归一化植被指数值对应高的地表温度日较差值。对于植被地表，高的归一化植被指数值对应低的地表温度日较差值。对于稀疏植被地表，低的归一化植被指数值对应低的地表温度日较差值。地表温度日较差与归一化植被指数的空间特征反映了植被区域的植被状况，而在裸土区域，则反映了地表土壤湿度的状况。对于给定的归一化植被指数值，7 月 31 日具有最大的 DTR 值，而 1 月 28 日具有最小的 DTR 值。

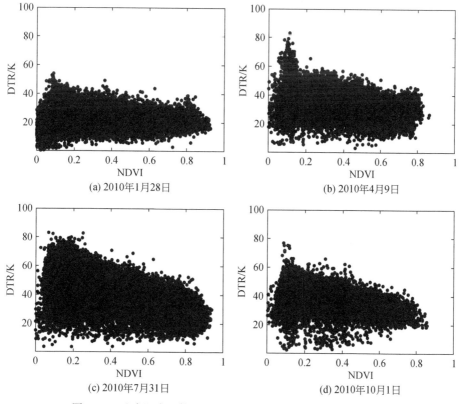

图 10-6　地表温度日较差 DTR 与归一化植被指数 NDVI 散点图

地表温度与归一化植被指数 （T_s-NDVI） 的空间特征已经被国内外研究者应用于不同的研究和应用中 （Jiang and Islam，2001；Stisen et al.，2008；Tang et al.，2010）。地表温度日较差与归一化植被指数的空间特征，具有与地表温度和归一化植被指数的空间特征类似特性。因此，地表温度日较差与归一化植被指数的空间特征也具有估算地表土壤湿度 （Sandholt et al.，2002）、地表类型变化监测 （Lambin and Ehrlich，1996）、干旱监测 （Wan et al., 2004）的潜在应用。另外，Wang 等（2006）指出，通过地表温度日较差与归一化植被指数的空间特征估算的蒸发比，与通过地表温度和归一化植被指数的空间特征估算的蒸发比相比较，有实质性的提高。

最大温度出现时刻 t_m 是估算热惯量和土壤湿度的重要参数。Xue 和 Cracknell（1995）发展了一个热惯量模型，利用最大温度出现时刻和地表温度日较差来估算热惯量。Zhao 等（2013）利用最大温度出现时刻、上午时段地表温度的变化率与吸收的太阳辐射的比值，以及上午时段的地表温差，来估算裸土区域的土壤湿度。Zhao 和 Li（2013）指出，最大温度出现时刻，不仅包含了土壤湿度的信息，而且反映了土壤的物理参数。

晚上没有太阳照射，地表温度变化主要取决于土壤热属性，因此衰减系数 k 反映了裸土区域土壤湿度状况。由于具有与热惯量类似的特性，衰减系数 k 表征了地表热属性。另外，衰减系数 k 具有区分不同岩石和土壤类型的潜力（Price，1985）。

另外一个重要参数——上午时段地表温度变化斜率（dT_s/dt）可以通过上午时段地表温差变化斜率 $d(\Delta T_s)/dt$ 直接获得。地表温度变化斜率可以应用于极轨卫星上午过境时段无云情况下的地表温度产品时间归一化。Wetzel 等（1984）指出，上午时段是一天中无云概率最高的时段，同时也是最适合观测土壤湿度对地表温度影响的时段。Zhao 等（2010）利用上午时段地表温度变化斜率和植被覆盖度的空间特征，提出了地表温度变化斜率植被干旱指数来反映地表土壤湿度状况。Lu 等（2013）将每天的蒸发比表达为上午时段地表温度变化率、气温变化率和净辐射变化率的函数。

第十一章 静止卫星数据地表组分温度反演

静止卫星高时间分辨率的特点能够实现对地表混合像元温度实时动态的监测，也为地表组分温度的反演提供了可能。本章利用地表温度在晴天条件下的变化规律，将地表混合像元温度简化为土壤温度和植被温度的组合形式，分别提出和改进了采用非线性组合及利用最大后验准则和马尔可夫链模型反演土壤温度和植被温度的反演方法。

第一节 混合像元温度基本理论

在一定的大气条件下，热红外传感器观测到的星上辐射亮度可以表示为

$$L_{toa}(\lambda,\theta) = \{L_{grd}(\lambda,\theta) + [1-\varepsilon(\lambda,\theta)]L_{ad}(\lambda)\}\tau(\lambda,\theta) + L_{au}(\lambda,\theta) \tag{11-1}$$

式中，θ 为观测角度；λ 为波长；L_{toa} 为传感器接收到的星上辐射亮度；L_{grd} 为地表自身热辐射；L_{au} 为大气上行辐射；L_{ad} 为大气下行辐射；ε 为地表发射率；τ 为大气透过率。

混合像元的自身地表辐射 L_{grd} 是传感器观测角度、像元结构、组分发射率和组分温度的复杂函数，通过引进组分有效发射率（陈良富等，2000）或矩阵表达式（徐希孺等，2001）的概念，可用式（11-2）表示：

$$L_{grd} = \sum_{i=1}^{n} w_i(\lambda,\theta)L_b(\lambda,T_i) \tag{11-2}$$

式中，$i=1,2,\cdots,n$ 为 n 种组分；T_i 为组分温度；$L_b(\lambda,T_i)$ 表示组分 i 温度为 T 时在波长 λ 的黑体辐射；$w_i(\lambda,\theta)$ 表示组分的有效发射率。$w_i(\lambda,\theta)$ 是观测角度、像元结构、组分发射率的函数，独立于组分温度，在一定条件下可以简化为组分发射率与组分所占比重的乘积形式。对于重点观察地区，如果能够得到像元的结构参数和组分发射率，则可以通过模型计算组分有效发射率（陈良富等，2000；刘强等，2003）。

在假设地表混合像元简单地由土壤和植被组成且像元内部土壤和植被各自为同一值的前提条件下，地表混合像元的辐射温度 $T_{rad}(\theta)$ 可以简化为该混合像元内部土壤和植被的热动力温度的组合，其比重由传感器观测方向土壤和植被占像元面积的大小决定，因此 $T_{rad}(\theta)$ 可由以下公式表示：

$$T_{rad}(\theta) = \{f(\theta)T_c^n + [1-f(\theta)]T_s^n\}^{1/n} \tag{11-3}$$

式中，$f(\theta)$ 为在传感器观测角度植被所占像元的比重；T_c 和 T_s 分别为植被温度和土壤温度。通常情况下，在热红外 $8\sim14\mu m$ 通道和 $10\sim12\mu m$ 通道，n 可以取值为 4（Becker and Li，1990a）。式（11-3）可以表示为

$$T_{rad}(\theta) = f(\theta)T_c^4 + [1-f(\theta)]T_s^4 \tag{11-4}$$

第二节 非线性拟合反演地表组分温度

在晴天无云情况下，卫星观测地表温度在白天上午阶段可以近似为线性变化过程，全

天周期变化也可用白天余弦和夜晚指数的形式来描述。在简单认为地表混合像元由植被和土壤构成的假设条件下，植被和土壤温度分别具有与混合像元温度相同的变化特征，即分别对应上午和全天情况下植被和土壤温度变化规律可以用式（11-5）和式（11-6）表示：

$$\begin{cases} T_c = a_c + b_c t \\ T_s = a_s + b_s t \end{cases} \tag{11-5}$$

$$\begin{cases} T_c = \mathrm{DTC}_c\,(t) \\ T_s = \mathrm{DTC}_s\,(t) \end{cases} \tag{11-6}$$

式中，t 为时间；a_c，b_c，a_s 和 b_s 分别为上午阶段植被和土壤温度线性变化的截距和斜率；DTC_c 和 DTC_s 则为地表植被和土壤温度的日周期变化模型，具体形式见第八章第一节 JNG06 模型。

在地表植被覆盖度已知的前提条件下，假设邻近像元的土壤和植被温度相同，只有植被覆盖度存在差异，结合卫星观测的地表温度变化规律及其上午和全天阶段的变化特征，可以分别求得各自对应的参数，从而最终得到地表土壤和植被的各时刻温度大小。

一、白天上午组分温度反演

假设邻近两混合像元白天上午植被和土壤温度变化情况如图 11-1 所示，植被温度上升斜率为 4K/h，截距为 264.6K，土壤温度上升斜率为 8K/h，截距为 219.2K。

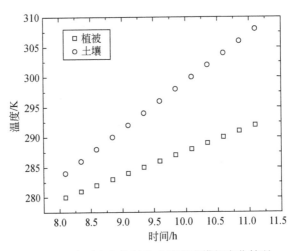

图 11-1　白天上午植被和土壤温度模拟变化情况

在以上假设的基础上，两像元的温度根据其各自植被覆盖度结合式（11-4）便可计算得到：

$$T_{rad}(t) = \left[\, \mathrm{FVC} \cdot (a_c + b_c t)^4 + (1 - \mathrm{FVC}) \cdot (a_s + b_s t)^4 \,\right]^{1/4} \tag{11-7}$$

式中，FVC 为像元植被覆盖度。

根据以上模拟得到的不同植被覆盖条件下的地表温度，结合地表植被和土壤上午温度变化关系［式（11-5）］，采用非线性拟合方法计算得到植被和土壤的地表温度上升斜率和截距。为了更加全面地了解不同植被覆盖度组合情况下的反演精度，本研究将其中一像元植被覆盖度 FVC1 在 0~1 之间以 0.1 为步长变化，另一像元植被覆盖度 FVC2 在 0~1 之间以 0.01 为步长变化，分析植被和土壤温度的反演精度变化情况。图 11-2 显示的是不加误差条件下，不同 FVC1 植被和土壤温度反演精度结果。

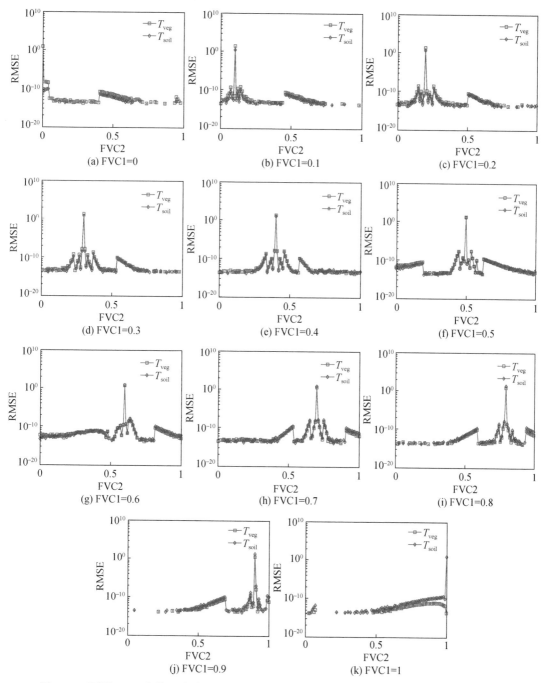

图 11-2 不同 FVC1 条件下非线性反演的上午土壤和植被温度的 RMSE 随 FVC2 变化特征图

T_{veg} 为植被温度；T_{soil} 为土壤温度

从图 11-2 中 RMSE 的变化特征可以看出，当 FVC1 = FVC2 时，通过非线性方法反演得到的植被和土壤温度精度都较差，最大误差大于 10K。而当二者不相等时（差值大于等于 0.02），植被和土壤温度的反演精度非常高，RMSE 值很小，基本控制在 1K 以内。这一现象也反映出当邻近像元植被覆盖相等时，两像元的信息相同，无法提供合适的初值，相当于两个方程求解四个未知数，实际上是一个欠定方程组，因此非线性拟合结果与真实情况偏离较远，而当两像元的植被覆盖度不同时，信息量增加，从而能够有效地求解四个未知数，因此反演精度很高。

除了以上不考虑误差情况外，本研究还分析了添加植被覆盖度误差对反演结果的影响，图 11-3 是分别对 FVC1 减去 0.02 和 FVC2 加上 0.02 的 RMSE 结果。相比于图 11-2，RMSE 有了相当大的提高，当 FVC1 和 FVC2 二者差值小于 0.2 时，RMSE 一般都大于 1K。由此可见，利用白天上午温度变化关系反演植被和土壤温度方法对植被覆盖度非常敏感。

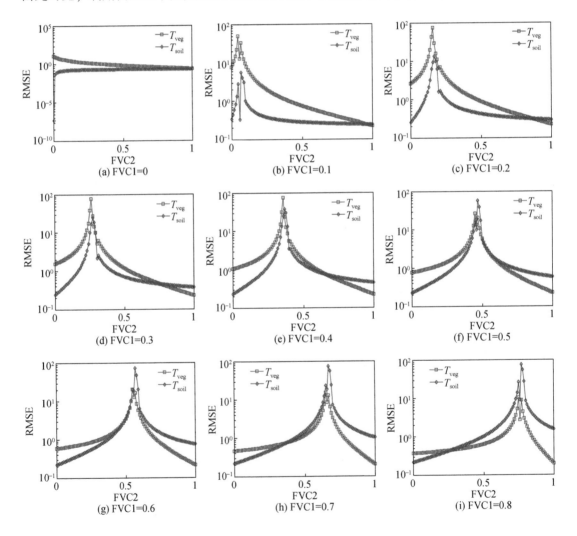

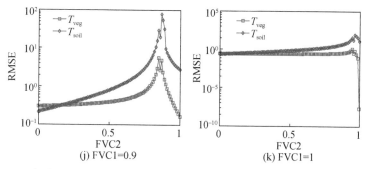

图 11-3 在对 FVC1 和 FVC2 添加误差前提下，非线性反演的白天上午土壤和植被温度的 RMSE 随 FVC1 和 FVC2 变化特征图

二、全天组分温度反演

在利用地表温度白天上午变化规律反演植被和土壤温度的同时，本研究还利用地表温度日周期变化规律建立植被和土壤温度的反演方法。与上一节一样，首先需要对地表组分温度和地表混合像元温度进行模拟。根据地表温度日周期变化规律，植被和土壤的日周期变化特征如图 11-4 所示。

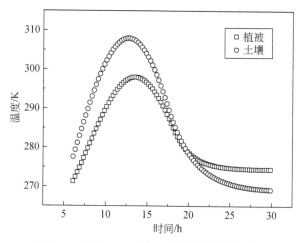

图 11-4 植被和土壤温度日周期变化模拟结果

利用模拟的植被和土壤温度，结合植被覆盖度，利用式（11-4）可以计算每个时刻对应的地表温度，因此地表温度可以表示为

$$T_{rad}(t) = \left[FVC \cdot DTC_c^4(t) + (1-FVC) \cdot DTC_s^4(t) \right]^{1/4} \tag{11-8}$$

与白天上午组分温度反演方法一样，本研究将其中一像元植被覆盖度 FVC1 在 0~1 之间以 0.1 为步长变化，另一像元植被覆盖度 FVC2 在 0~1 之间以 0.02 为步长变化，分析植被和土壤温度的反演精度变化情况。图 11-5 显示的是未添加误差条件下，利用地表温度日周期变化形式反演植被和土壤温度的 RMSE 值。与白天上午反演结果类型类似，当两

像元的植被覆盖度相同时，反演精度 RMSE 较大，而当二者存在一定差距时，反演精度有了较大提高，一般在 1K 以内，当差距在 0.2 以上，RMSE 非常小且基本不变。

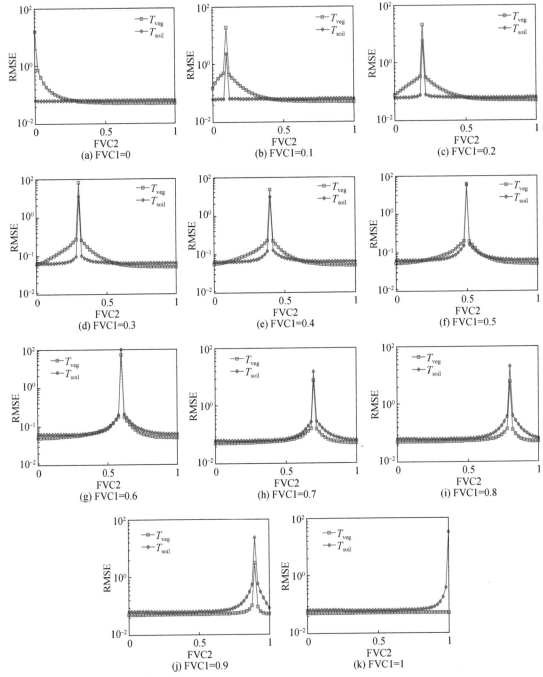

图 11-5　不同 FVC1 条件下，非线性反演的日周期土壤
和植被温度的 RMSE 随 FVC2 变化特征图

同样，在分别对 FVC1 和 FVC2 减去和加上 0.02 误差条件下，地表植被和土壤温度反演误差增加了不少，特别是在两像元植被覆盖度较近的情况下，RMSE 基本在 1K 以上，具体结果如图 11-6 所示。由此也反映出非线性方法反演全天组分温度对植被覆盖度具有十分强的灵敏度。

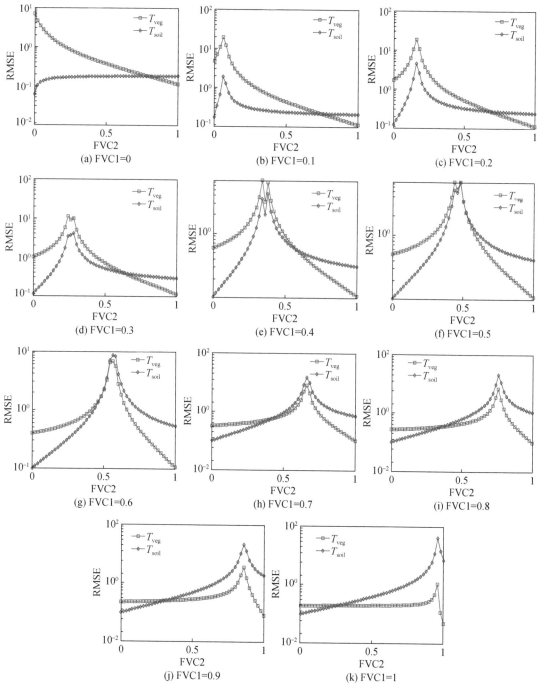

图 11-6　在对 FVC1 和 FVC2 添加误差前提下，非线性反演的日周期
上午土壤和植被温度的 RMSE 随 FVC1 和 FVC2 变化特征图

第三节　最大后验概率准则和马尔可夫链
模型反演组分温度方法

一、最大后验概率准则和马尔可夫链模型介绍

在介绍最大后验概率准则之前，首先简单介绍先验概率和后验概率的概念。先验概率是指 ω_i 类出现的概率，用 $P(\omega_i)$ 表示。而后验概率是指在 x 出现条件下 ω_i 类出现的概率，用 $P(\omega_i \mid x)$ 表示。

以二元检测为例，信息源的输出有 $s_0(t)$ 和 $s_1(t)$ 两种状态，分别对应 H_0 和 H_1 两种假设。两个输出发生的概率 $P(H_0)$ 和 $P(H_1)$ 称为先验概率。先验概率表示实验进行之前，观察者关于源的认识。

H_0 和 H_1 两个假设总有一个要发生，因此有 $P(H_0)+P(H_1)=1$。用条件概率 $P(H_0 \mid x)$ 表示在得到样本 x 的条件下，H_0 假设为真的概率。用 $P(H_1 \mid x)$ 表示在得到样本 x 的条件下，H_1 假设为真的概率。这两种条件概率都称为后验概率。

二元检测就是根据观测到的样本值 x 来选择或判断 H_0 假设为真还是 H_1 假设为真。判断必须遵循一定的原则或准则。一种直观上合理的准则就是最大后验概率准则，按照这个准则就是要选择最可能出现的信号为最终的判决结果。也就是，若 $P(H_0 \mid x)>P(H_1 \mid x)$，则判决 H_0 假设为真；反之，判决 H_1 假设为真。记为

$$\frac{P(H_1 \mid x)}{P(H_0 \mid x)} \overset{H_1}{\gtrless} 1 \quad 或 \quad \frac{P(H_1 \mid x)}{P(H_0 \mid x)} \overset{H_1}{\lessgtr} 1 \tag{11-9}$$

即选择与最大后验概率相对应的那个假设作为判决结果，这个准则称为最大后验概率准则。根据贝叶斯公式，后验概率可以表示为

$$P(H_i \mid x) = \frac{P(H_i)P(x \mid H_i)}{P(x)} \tag{11-10}$$

式中，$P(H_i)$ 为 H_i 假设发生的先验概率。

最大后验概率准则是根据经验数据获得对难以观测的量的点估计。它与最大似然估计中的经典方法有密切关系，但最大的不同是，最大后验概率准则中融入了被估计量的先验分布，所以最大后验概率准则可以看作规则化的最大似然估计。

假设 x 为独立同分布的采样，θ 为模型参数，f 为使用的模型。那么最大似然估计可以表示为

$$\hat{\theta}_{\text{MLE}}(x) = \underset{\theta}{\text{argmax}} f(x \mid \theta) \tag{11-11}$$

假设 θ 的先验分布为 g。通过贝叶斯理论，对于 θ 的后验分布如下式所示：

$$\theta \mapsto f(\theta \mid x) = \frac{f(\theta \mid x)g(\theta)}{\displaystyle\int_{\theta \in \Theta} f(x \mid \theta')g(\theta')d\theta'} \tag{11-12}$$

最大后验估计的目标为

$$\hat{\theta}_{\text{MAP}}(x) = \underset{\theta}{\arg\max} \frac{f(\theta|x)g(\theta)}{\int_{\theta \in \Theta} f(x|\theta')g(\theta')d\theta'} = \arg\max f(\theta|x)g(\theta) \tag{11-13}$$

马尔可夫链式是数学中具有马尔可夫性质的离散随机过程。该过程中，在给定当前知识或信息的情况下，过去（即当期以前的历史状态）对于猜测将来（即当期以后的未来状态）是无关的，或者可以讲为过程（或系统）在时刻 t_0 所处的状态为已知的条件下，过程在时刻 $t > t_0$ 所处状态的条件分布与过程在时刻 t_0 之前所处的状态无关。

设随机过程 $\{X(t), t \in T\}$ 的状态空间为 I。如果对时间 t 的任意 n 个数值 $t_1 < t_2 < \cdots < t_n$，$n \geq 3$，$t_i \in T$，在条件 $X(t_i) = x$，$x_i \in I$，$i = 1, 2, \cdots, n-1$ 下，$X(t_n)$ 的条件分布函数恰等于在条件 $X(t_n-1) = x_n-1$ 下 $X(t_n)$ 的条件分布函数，即

$$P\{X(t_n) \leq x_n | X(t_1) = x_1, X(t_2) = x_2, \cdots, X(t_{n-1}) = x_{n-1}\}$$
$$= P\{X(t_n) \leq x_n | X(t_{n-1}) = x_{n-1}\}, x_n \in R \tag{11-14}$$

或者

$$F_{t_n|t_1 \cdots t_{n-1}}(x_n, t_n | x_1, x_2, \cdots, x_{n-1}; t_1, t_2, \cdots, t_{n-1}) = F_{t_n|t_{n-1}}(x_n, t_n | x_{n-1}, t_{n-1}) \tag{11-15}$$

则称过程 $\{X(t), t \in T\}$ 具有马尔可夫性或无后效性，并称此过程为马尔可夫过程。

二、反演方法介绍

在介绍算法之前，首先介绍该方法的参数设置情况，与之前非线性拟合反演组分温度类似，利用最大后验概率准则和马尔可夫链模型反演组分温度方法也仅考虑植被和土壤两种地表类型（$N=2$）。此外，研究对象主要针对 K 个像元，并认为 K 个像元内植被和土壤温度分别相同。最终，用参数 T_d 代表反演过程中所考虑的时刻个数，可以把整天的观测数据都考虑，也可仅考虑部分时间段。该方法首先由 Kallel 等（2010）提出，并通过 SVAT 模型对该方法进行了初步的应用和分析。本节内容主要是在该方法的基础上，通过数据模拟和误差分析对应用于卫星数据反演组分温度的具体情况进行了分析和探讨。

该组分温度反演算法的主要目的是利用静止卫星观测的地表温度时间变化信息反演得到每个组分（$i \in \{1, \cdots, N\}$）每个时刻（$t \in \{1, \cdots, T_d\}$）的温度。在实现算法之前，需要满足以下前提条件。

（1）预估各时刻组分温度 $T_{bi}(t)$。估算方法可以利用地面观测的大气强迫数据，结合陆面过程模型模拟各个时刻植被和土壤温度大小，也可以利用邻近像元的温度和植被覆盖度线性回归分别估算植被和土壤温度（植被和土壤两种组分情况下）。此外还需要提供一些其他的参数：组分温度标准差 $\sigma_i(t)$ 和相邻两时刻的相关关系。

（2）假设研究区域内 K 个像元的组分温度都相同，且组分温度 $T_i(t)$ 满足均值为 $T_{bi}(t)$ 标准差为 $\sigma_i(t)$ 的高斯分布。

（3）每个混合像元中，植被和土壤所占比重为已知条件。

（4）像元温度可以近似地写成地表各组分温度的面积加权的线性表达形式，即 $T_{br}^k(t) = \sum_{i=1}^{N} \alpha_i^k T_i(t) + \xi_k(t)$，其中 $T_{br}^k(t)$ 是卫星观测的第 k 个像元地面温度，a_i^k 是各组分的面积大小，$\xi_k(t)$ 是标准差为 $\sigma_k'(t)$ 的高斯白噪声，并且认为它是像元之间和相邻时刻之

间相互独立的量。

在以上前提条件的基础之上，地表各时刻植被和土壤各组分温度 $T = [T_i(t), i \in \{1, \cdots, N\}, t \in \{1, \cdots, T_d\}]$ 便可通过卫星观测的 K 个地表混合像元的温度 $T_{\mathrm{br}} = [T_{\mathrm{br}}^k(t), k \in \{1, \cdots, K\}, t \in \{1, \cdots, T_d\}]$ 反演得到。根据最大后验概率准则，反演方法的目的主要是在给定 T_{br} 的前提下寻求最优化的 T 使其概率最大，见以下公式：

$$T^* = \operatorname*{argmax}_T P(T \mid T_{\mathrm{br}}) = \operatorname*{argmax}_T \frac{P(T_{\mathrm{br}} \mid T)P(t)}{P(T_{\mathrm{br}})} = \operatorname*{argmax}_T P(T_{\mathrm{br}} \mid T)P(T) \qquad (11\text{-}16)$$

$P(T_{\mathrm{br}})$ 的概率是个常数，可以去掉，因此算法目的便是使 $P(T_{\mathrm{br}} \mid T) P(T)$ 最大，从而求得 T。

$\xi_k(t)$ 是一个十分独立的量，因此 $P(T_{\mathrm{br}} \mid T)$ 可以比较简单地写成以下形式：

$$
\begin{aligned}
P(T_{\mathrm{br}} \mid T) &= \prod_{k=1}^{K} \prod_{t=1}^{T_d} P\left[T_{\mathrm{br}}^k(t) \mid T_i(t), i = 1, \cdots, N\right] \\
&= \frac{\exp\left\{-\sum_{t=1}^{T_d} \sum_{k=1}^{K} \dfrac{\left[T_{\mathrm{br}}^k(t) - \sum_{i=1}^{N} \alpha_i^k T_i(t)\right]^2}{2\sigma'^2}\right\}}{\left(\sqrt{2\pi}\sigma'\right)^{KT_d}}
\end{aligned}
\qquad (11\text{-}17)
$$

对于另外一个概率 $P(T)$，假设各组分在不同时刻满足多元高斯分布特征，同时考虑到各组分的相邻时刻的温度变化是由组分的物理性质决定，而这种物理性质基本不变，所以各组分的相邻时刻温度变化不是随机变化的，而是后一时刻受到前一时刻温度的影响，因此存在一个时间上的马尔可夫链，即

$$P[T_i(t) \mid T_i(t'), t' \leqslant t] = P[T_i(t) \mid T_i(t-1)] \qquad (11\text{-}18)$$

$$
\begin{aligned}
P(T_i) &= P[T_i(1)] \prod_{t=2}^{T_d} P[T_i(t) \mid T_i(t-1)] \\
&= P[T_i(1)] \prod_{t=2}^{T_d} \frac{P[T_i(t) \mid T_i(t-1)]}{P[T_i(t-1)]} \\
&= \prod_{t=1}^{T_d-1} P[T_i(t)]^{-1} \prod_{t=2}^{T_d} P[T_i(t), T_i(t-1)]
\end{aligned}
\qquad (11\text{-}19)
$$

由于 T_i 遵循多元高斯分布形式，$[T_i(t) \mid T_i(t-1)]$ 也就可以写成 $T_i(t, t-1)$，它们的平均值向量为 $T_{\mathrm{bi}}(t, t-1) = [T_{\mathrm{bi}}(t), T_{\mathrm{bi}}(t-1)]$，它们的协方差矩阵为 $\sum_i (t, t-1)$，$P[T_i(t, t-1)]$ 可表达为

$$
\left.
\begin{aligned}
P[T_i(t, t-1)] = {}& \frac{1}{2\pi \left|\sum_i (t, t-1)\right|^{1/2}} \times \\
& \exp\left(\begin{aligned} -\frac{1}{2}[T_i(t, t-1) - T_{\mathrm{bi}}(t, t-1)] \times \left[\sum_i (t, t-1)\right]^{-1} \times \\ [T_i(t, t-1) - T_{\mathrm{bi}}(t, t-1)] \end{aligned}\right)
\end{aligned}
\right\}
\qquad (11\text{-}20)
$$

既然各组分温度是相互独立的，那么 $P(T)$ 可以表示为

$$P(T) = \prod_{i=1}^{N} P(T_i)$$

$$= \prod_{i=1}^{N} \left\{ \prod_{t=2}^{T_d-1} P[T_i(t)]^{-1} \prod_{t=2}^{T_d} P[T_i(t, t-1)] \right\}$$

$$= \frac{1}{Z} \exp\left(-\frac{1}{2} \sum_{i=1}^{N} \left\{ \begin{array}{l} \sum_{t=2}^{T_d} [T_i(t, t-1) - T_{bi}(t, t-1)] \times \left[\sum_i (t, t-1) \right]^{-1} \times \\ [T_i(t, t-1) - T_{bi}(t, t-1)] - \sum_{t=2}^{T_d-1} \frac{[T_i(t) - T_{bi}(t)]^2}{\sigma_i(t)^2} \end{array} \right\} \right)$$

$$(11-21)$$

式中，Z 为一个常数项。

根据式（11-17）和式（11-21），可以写成以下形式：

$$P(T_{br}|T) P(T) = \frac{1}{Z'} \exp[-U(T)] \tag{11-22}$$

其中

$$U(T) = \frac{1}{2\sigma'^2} \sum_{t=1}^{T_d} \sum_{k=1}^{K} \left[T_{br}^k(t) - \sum_{i=1}^{N} \alpha_i^k T_i^k(t) \right]^2$$

$$+ \frac{1}{2} \sum_{i=1}^{N} \left\{ \begin{array}{l} \sum_{t=2}^{T_d} [T_i(t, t-1) - T_{bi}(t, t-1)] \times \left[\sum_i (t, t-1) \right]^{-1} \times \\ [T_i(t, t-1) - T_{bi}(t, t-1)] - \sum_{t=2}^{T_d-1} \frac{[T_i(t) - T_{bi}(t)]^2}{\sigma_i(t)^2} \end{array} \right\}$$

$$(11-23)$$

要使 $P(T_{br}|T) P(T)$ 的概率最大，就必须满足 $U(T)$ 最小，通过对 $U(T)$ 求偏导，偏导为 0 的条件下便可寻找到最小值点。

$$\nabla U(T) = 0 \Rightarrow \forall (i, t) \in \{i, \cdots, N\} \times \{1, \cdots, T_d\}, \frac{\partial U(T)}{\partial T_i(t)} = 0 \tag{11-24}$$

最终得到式（11-25），如下：

$$\frac{1}{\sigma'^2} \sum_{k=1}^{K} \alpha_i^k \left[\sum_{j=1}^{N} \alpha_j^k T_j(t) \right] + [1 - \delta(t-1)] \left[\sum_i (t, t-1) \right]^{-1} (2,) T_i(t, t-1)$$

$$+ [1 - \delta(t - T_d)] \left[\sum_i (t+1, , t) \right]^{-1} (1,) T_i(t+1, t) - [1 - \delta(t - T_d) - \delta(t-1)] \frac{T_i(t)}{\sigma_i(t)^2}$$

$$= \frac{1}{\sigma'^2} \sum_{k=1}^{K} \alpha_i^k T_{br}^k(t) + [1 - \delta(t-1)] \left[\sum_i (t, t-1) \right]^{-1} (2,) T_{bi}(t, t-1)$$

$$+ [1 - \delta(t - T_d)] \left[\sum_i (t+1, t) \right]^{-1} (1,) T_{bi}(t+1, t) - [1 - \delta(t - T_d) - \delta(t-1)] \frac{T_{bi}(t)}{\sigma_i(t)^2}$$

$$(11-25)$$

式中，δ 为克罗奈克函数。式（11-25）对所有的 (i, t) 组合展开之后都可以写成多元线性方程组的形式，求解多元线性方程组便可以计算得到植被和土壤各时刻的温度大小。

三、模拟数据应用与分析

由于缺乏卫星实际观测的地表各组分温度数据，本研究首先采用模拟卫星数据对该算法进行验证分析。模拟数据研究区域设定为 100×100 像元大小的图像，且图中像元均为植被和土壤两种纯像元。另外，假设每一时刻各植被像元温度相同，土壤温度也一样。考虑到模拟的是晴天无云条件下的地表温度，植被和土壤温度日周期变化可分别采用之前提到的 DTC 模型来构建。其中植被日周期温度模拟参数数值分别为 $a=280$，$b=18$，$\alpha=0.28$，$t_d=13.5$，$t_s=18.2$ 和 $\beta=-0.48$，土壤日周期温度模拟参数数值分别为 $a=278$，$b=30$，$\alpha=0.24$，$t_d=12.7$，$t_s=17.6$ 和 $\beta=-0.32$，模拟的温度变化频率为 15min。图 11-7（a）和图 11-7（b）分别是 DTC 模型模拟植被和土壤温度日周期变化及 7：00 100×100 纯像元图像温度分布图，在温度分布图中，黑色代表植被温度（275.56K），白色代表土壤温度（284.04K）。

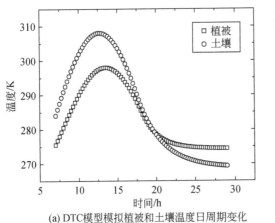 

(a) DTC模型模拟植被和土壤温度日周期变化　　　　(b) 7:00 100×100纯像元图像温度分布图

图 11-7　DTC 模型模拟植被和土壤温度日周期变化及 7：00 100×100 纯像元图像温度分布图

在以上建立多时刻 100×100 纯像元图像的基础之上，对每个时刻的 100×100 纯像元图像按照 5×5 的网格大小进行取均值聚合处理，从而得到各时刻 20×20 的混合像元温度图。考虑到实际情况下，遥感观测地表温度数据往往带有一定的误差，因此在之前的混合像元温度的基础之上，分别对各时刻各像元添加均值为 0K、标准差为 2K 的随机误差，作为卫星遥感反演地表温度的误差精度。此外，根据 5×5 网格内植被纯像元和土壤纯像元的比例，可以分别计算每个混合像元所对应的植被覆盖度（图 11-8）。图 11-8 分别为 7：00 通过聚合处理得到的 20×20 大小的混合像元温度图像和植被覆盖度图像。

通过以上数据模拟过程，分别得到了每个混合像元每个时刻的地表温度大小 T_{br} 以及对应的植被覆盖度。在进行组分温度反演计算之前，为了部分消除之前误差对各混合像元温度的影响，首先采用 DTC 模型对每个混合像元的日周期变化进行拟合，并将各时刻的拟合值作为该时刻该混合像元的地表温度值。

结合以上混合像元图像和植被覆盖数据，便可采用最大后验概率准则和马尔可夫链模

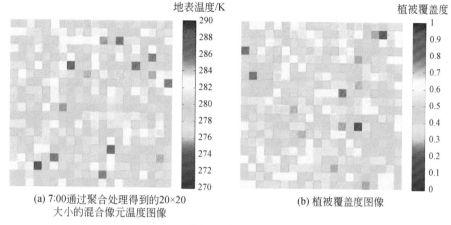

(a) 7:00通过聚合处理得到的20×20　　　　(b) 植被覆盖度图像
大小的混合像元温度图像

图 11-8　模拟生成的混合像元图像

型方法反演各像元的植被和土壤温度。在该算法中假设每个像元与最邻近像元的植被和土壤组分温度大小一致，因此20×20图像四个角上像元对应的 k 值等于4，边界上像元 k 值等于6，而内部像元的 k 值为9。

通过遍历每个像元，利用其邻近像元的温度和植被覆盖度，采用稳健线性回归方法拟合得到植被和土壤温度，从而作为反演算法所需的每个像元植被和土壤温度的初值，而稳健回归的方差作为植被和土壤温度初值估算对应的方差。此外，在马尔可夫链计算中需要各组分温度初值前后时刻之间的协方差矩阵，各组分温度前后时刻之间的变化关系与每个混合像元和邻近像元前后时刻的变化关系相似，因此计算所需的协方差矩阵采用每个混合像元和邻近像元前后时刻的温度计算得到。

在以上参数模拟、设置和计算的基础之上，混合像元内部的植被和土壤的组分温度便可采用该组分温度反演方法计算得到。图 11-9 为本研究的具体流程图，主要分两部分：第一部分为数据模拟，第二部分为组分温度反演。在最后阶段利用反演算法计算组分温度过程中有一个结果判断过程，通过利用反演的各时刻植被和土壤组分温度反算各时刻混合像元温度，并计算其与真实混合像元温度之间的 RMSE，根据 RMSE 的大小对反演结果进行判断分析，对不满足 RMSE 要求的再通过对算法计算所需的混合像元温度方差进行调整。

经过以上流程计算分析，得到20×20 像元图像每个时刻的植被和土壤温度组分大小。图 11-10 反映的是反演得出各混合像元植被和土壤日周期温度与真实温度值计算的 RMSE 大小分布。从图 11-10 可以明显看出，在分别给每个时刻混合像元温度添加均值为0K 和标准差为2K 的误差前提下，植被和土壤温度的 RMSE 大部分在2K 以内，因此，利用最大后验概率准则和马尔可夫链模型算法能够较好地反演混合像元组分温度。

四、误差敏感性分析

可以直观地发现，混合像元温度误差直接影响到组分温度的反演精度，主要影响植被

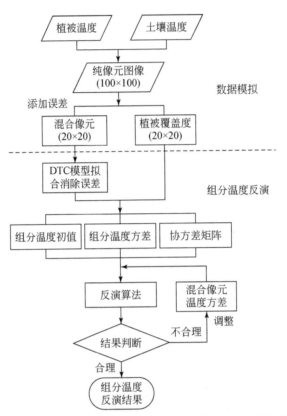

图 11-9　利用最大后验概率准则和马尔可夫链模型算法反演地表组分温度流程图

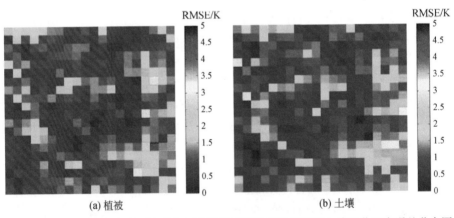

图 11-10　最大后验概率准则和马尔可夫链模型算法反演植被和土壤组分温度误差分布图

和土壤组分温度初值和统计参数，因此研究和分析反演算法对混合像元温度误差的敏感性显得尤为必要。研究首先对 3×3 像元窗口各混合像元各时刻添加不同均值和标准差的随机误差，其中误差均值从 0~1.8K，以 0.2K 为步长逐渐增大（共 10 种情况），误差标准差从 0.5~5K，以 0.5K 为步长逐渐增大（共 10 种情况），总共 100 种误差组合。分别对每种误差组合随机生成该组合条件下的 100 种植被覆盖度组合，利用反演算法计算这 100 组数据的植被和土壤组分温度反演精度，并取均值，从而得到该误差组合条件下的植被和土壤组分温度反演精度。

从图 11-11 可以明显地发现，随着误差均值和标准差的增加，植被和土壤组分温度的反演精度也在不断降低，但从整体而言，在最大误差组合（均值为 1.8K，标准差为 5K）的条件下，植被和土壤组分温度基本能保持在 3K 以内，反映该反演算法能够较为有效地降低混合像元误差对反演精度的影响。

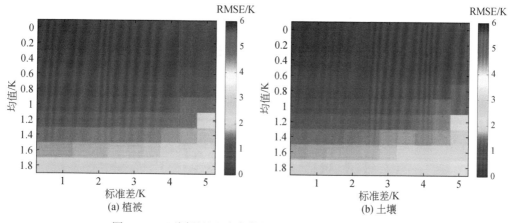

图 11-11　不同误差组合条件植被和土壤组分反演精度图

此外，在基于最大后验概率准则和马尔可夫链模型反演地表组分温度方法中，算法要求假设混合像元与其邻近像元（一般为 3×3 窗口）的植被和土壤组分温度一致，并通过利用每时刻混合像元及其邻近像元的温度和植被覆盖度线性回归获取该时刻植被和土壤温度的初值及其方差信息。而在此线性回归中，除了各混合像元温度大小及误差对初值的影响外，植被覆盖度也同样起着很大的作用，主要包括植被覆盖度自身的大小以及植被覆盖度的变化范围。

为了分析窗口内植被覆盖度大小和范围对反演算法精度的影响，本研究选择在不同植被覆盖度大小（V，取值 0～0.9，以 0.1 为步长变化）和取值范围（R，取值 0.1～1，以 0.1 为步长变化）条件（总共 100 中条件组合）下，实际植被覆盖度即 $V+R$，随机产生 100 种该植被覆盖条件下 3×3 像元窗口的植被覆盖度组合，从而模拟得到对应的混合像元温度日周期变化数据，最终利用该组分温度反演方法分别反演各条件下对应 100 组数据的组分温度大小和反演精度，通过对各种条件下 100 组数据反演误差取均值进而得出该植被覆盖度组合条件下地表各组分温度的反演精度。图 11-12 是对应的 100 种条件下植被和土壤组分温度反演精度图。

从图 11-12 可以看出，就植被覆盖度大小而言，植被覆盖度越大，植被组分反演精度越高，相反，土壤组分温度反演精度越高；而对窗口内植被覆盖度变化范围而言，随着变化范围的增加，植被和土壤组分温度反演精度都会相应地增加。在植被覆盖度变化范围大于 0.2 时，二者的反演精度基本保持在 2K 以内。从另一方面反映出植被覆盖度的变化范围影响着植被和土壤组分温度初值的估算，进而影响到最终的反演结果。

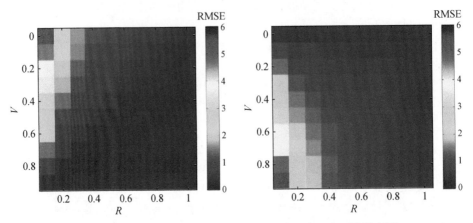

图 11-12　对应的 100 种条件下植被和土壤组分温度反演精度图

参 考 文 献

陈良富，庄家礼，徐希孺，等．2000．非同温混合像元热辐射有效比辐射率概念及其验证．科学通报，45（1）：22-29．

李爽，姚静．2005．数字地形模型数据产品特点与评估分析．地理科学进展，24（6）：99-108．

刘强，陈良富，柳钦火，等．2003．作物冠层的热红外辐射传输模型．遥感学报，7（3）：161-167．

徐希孺，范闻捷，陈良富．2001．开放的复杂目标热辐射特性的矩阵表达式．中国科学 D 辑，31（12）：1046-1051．

张霄羽．2008．静止气象卫星数据反演热惯量及地表热通量算法研究．北京：中国科学院大学．

赵英时．2003．遥感应用分析原理与方法．北京：科学出版社．

Anderson M C, Norman J M, Kustas W P, et al. 2008. A thermal-based remote sensing technique for routine mapping of land-surface carbon, water and energy fluxes from field to regional scales. Remote Sensing of Environment, 112（12）：4227-4241.

Anding D, Kauth R. 1970. Estimation of sea surface temperature from space. Remote Sensing of Environment, 1：217-220.

Andre J C, Goutorbe J P, Perrier A. 1986. HAPEX-MOBLIHY：A hydrologic atmospheric experiment for the study of water budget and evaporation flux at the climatic scale. Bulletin of the American Meteorological Society, 67：138-144.

Asem A, Deschamps P Y, Ho D. 1987. Calibration of METEOSAT infrared radiometer using split window channels of NOAA AVHRR. Journal of Atmospheric and Oceanic Technology, 4：553-562.

Becker F. 1987. The impact of spectral emissivity on the measurement of land surface temperature from a satellite. International Journal of Remote Sensing, 8（10）：1509-1522.

Becker F, Li Z L. 1990a. Towards a local split window method over land surfaces. International Journal of Remote Sensing, 11（3）：369-393.

Becker F, Li Z L. 1990b. Temperature independent spectral indices in thermal infrared bands. Remote Sensing of Environment, 32（1）：17-33.

Becker F, Li Z L. 1995. Surface temperature and emissivity at various scales：Definition, measurement and related problems. Remote Sensing Reviews, 12（3-4）：225-253.

Butler J J, Barnes R A. 1998. Calibration strategy for the Earth Observing System（EOS）-AM1 platform. IEEE Transactions on Geoscience and Remote Sensing, 36（4）：1056-1061.

Caselles V, Coll C, Valor E. 1997. Land surface emissivity and temperature determination in the whole HAPEX-Sahel area from AVHRR data. International Journal of Remote Sensing, 18（5）：1009-1027.

Coll C, Caselles V. 1997. A split-window algorithm for land surface temperature from advanced very high resolution radiometer data：Validation and algorithm comparison. Journal of Geophysical Research, 102：16697-16713.

Coll C, Valor E, Schmugge T, et al. 1997. A procedure for estimating the land surface emissivity difference in the AVHRR channels 4 and 5. Remote Sensing Application to the Valencian Area, Spain.

Cooper D I, Asrar G. 1989. Evaluating atmospheric correction models for retrieving surface temperatures from the AVHRR over a tallgrass prairie. Remote Sensing of Environment, 27（1）：93-102.

Dash P, Göttsche F M, Olesen F S, et al. 2002. Land surface temperature and emissivity estimation from passive sensor data：theory and practice-current trends. International Journal of Remote Sensing, 23（13）：2563-2594.

Deschamps P Y, Phulpin T. 1980. Atmospheric correction of infrared measurements of sea surface temperature using channels at 3. 7, 11 and 12μm. Boundary-Layer Meteorology, 18: 131-143.

Doelling D R, Nguyen L, Minnis P. 2004. Calibration comparisons between SEVIRI, MODIS, and GOES data. Salzburg: The Second MSG RAO Workshop.

Duffie J A, Beckman W A. 1980. Solar engineering of thermal processes. New York: Wiley.

Elagib N A, Alvi S H, Mansell M G. 1999. Day-length and extraterrestrial radiation for Sudan: A comparative study. International Journal of Sustainable Energy, 20: 93-109.

Fang L, Yu Y Y, Xu H, et al. 2014. New retrieval algorithm for deriving land surface temperature from geostationary orbiting satellite observations. IEEE Transactions on Geoscience and Remote Sensing, 52 (2): 819-828.

Faysash A D, Smith E A. 2000. Simultaneous retrieval of diurnal to seasonal surface temperatures and emissivities over SGP ARM-CART site using GOES split window. Journal of Applied Meteorology, 39 (7): 971-982.

Freitas S C, Trigo I F, Bioucas-Dias J M, et al. 2010. Quantifying the uncertainty of land surface temperature retrievals from SEVIRI/Meteosat. IEEE Transactions on Geoscience and Remote Sensing, 48: 523-534.

Freitas S C, Trigo I F, Macedo J, et al. 2013. Land surface temperature from multiple geostationary satellites. International Journal of Remote Sensing, 34: 3051-3068.

Gillespie A R. 1995. Lithologic mapping of silicate rocks using TIMS. Pasadena: TIMS Data Users' Workshop.

Gillespie A R, Rokugawa S, Hook S J, et al. 1996. ASTER Temperature/Emissivity separation algorithm theoretical basis document. Maryland: NASA/GSFC.

Gillespie A, Rokugawa S, Matsunaga T. 1998. A temperature-emissivity separation algorithm for Advanced Spaceborne Thermal Emission and Reflection Radiometer (ASTER) images. IEEE Transaction on Geosciences and Remote Sensing, 36 (4): 1113-1126.

Gomes J P. 2007. Late-Quaternary landscape dynamics in the Iberian Peninsula and Balearic Islands. Porto : Universidade do Porto.

Göttsche F M, Olesen F S. 2001. Modelling of diurnal cycles of brightness temperature extracted from METEOSAT data. Remote Sensing of Environment, 76: 337-348.

Göttsche F M, Olesen F S. 2009. Modelling the effect of optical thickness on diurnal cycles of land surface temperature. Remote Sensing of Environment, 113: 2306-2316.

Gunshor M M, Schmit T J, Menzel W P. 2004. Intercalibration of the infrared window and water vapor channels on operational geostationary environmental satellites using a single polar-orbiting satellite. Journal of Atmospheric and Oceanic Technology, 21 (1): 61-68.

Gunshor M M, Schmit T J, Menzel W P, et al. 2007. Intercalibrating geostationary imagers via polar orbiting high spectral resolution data// Goldberg M D, Bloom H J, Huang A H, et al. Atmospheric and Environmental Remote Sensing Data Processing and Utilization III: Readiness for GEOSS. Proceedings of The International Society for Optical Engineering, 6684 (1H): 1-12.

Heidinger A K, Cao C, Sullivan J T. 2002. Using Moderate Resolution Imaging Spectrometer (MODIS) to calibrate advanced very high resolution radiometer reflectance channels. Journal of Geophysical Research, 107 (D23): 4702.

Inamdar A K, French A, Hook S, et al. 2008. Land surface temperature retrieval at high spatial and temporal resolutions over the southwestern United States. Journal of Geophysical Research, 113: D07107.

Jiang G M. 2007. Retrievals of land surface emissivity and land surface temperature from MSG1-SEVIRI data. Strasbourg: University of Strasbourg.

Jiang G M, Li Z L. 2008. Split-window algorithm for land surface temperature estimation from MSG1-SEVIRI data. International Journal of Remote Sensing, 29 (20): 6067-6074.

Jiang G M, Li Z L, Nerry F. 2006. Land surface emissivity retrieval from combined mid-infrared and thermal infrared data of MSG-SEVIRI. Remote Sensing of Environment, 105 (4): 326-340.

Jiang G M, Yan H, Ma L L. 2009. Intercalibration of SVISSR/FY-2C infrared channels against MODIS/Terra and AIRS/Aqua channels. IEEE Transactions on Geoscience and Remote Sensing, 47 (5): 1548-1558.

Jiang L, Islam S. 2001. Estimation of surface evaporation map over southern great plains using remote sensing data. Water Resource Research, 37 (2): 329-340.

Jiménez-Muñoz J C, Sobrino J A. 2003. A generalized single-channel method for retrieving land surface temperature from remote sensing data. Journal of Geophysical Research-Atmospheres, 108 (D22): 4688.

Jiménez-Muñoz J C, Sobrino J, Mattar C, et al. 2014. Temperature and emissivity separation from MSG/SEVIRI data. IEEE Transactions on Geoscience and Remote Sensing, 52 (9): 5937-5951.

Kallel A, Ottlé C, LeHégarat-Mascle S. 2010. Surface temperature downscaling from multi-resolution instruments based on MAP criterion and Markov models. Torrent: 3rd International Symposium.

Karnieli A, Agam N, Pinker R T, et al. 2010. Use of NDVI and land surface temperature for drought assessment: merits and limitations. Journal of Climate, 23 (3): 618-633.

Kerr Y H, Lagouarde J P, Imbernon J. 1992. Accurate land surface temperature retrieval from AVHRR data with use of an improved split window algorithm. Remote Sensing of Environment, 41 (2-3): 197-209.

Lambin E F, Ehrlich D. 1996. The surface temperature-vegetation index space for land cover and land-cover change analysis. International Journal of Remote Sensing, 17: 463-487.

Li Z L, Becker F. 1993. Feasibility of land surface temperature and emissivity determination from AVHRR data. Remote Sensing of Environment, 43: 67-85.

Li Z L, Petitcolin F, Zhang R H. 2000. A physically based algorithm for land surface emissivity retrieval from combined mid-infrared and thermal infrared data. Science in China Series E: Technological Sciences, 43: 23-33.

Li Z L, Tang B H, Wu H, et al. 2013. Satellite-derived land surface temperature: current status and perspectives. Remote Sensing of Environment, 131: 14-37.

Li Z L, Tang R L, Wan Z M, et al. 2009. A review of current methodologies for regional evapotranspiration estimation from remotely sensed data. Sensors (Basel), 9 (5): 3801-3853.

Liou K N. 1985. 大气辐射导论. 郭彩丽, 周诗健, 译. 北京: 气象出版社.

Liu J J, Li Z, Qiao Y L, et al. 2004. A new method for cross-calibration of two satellite sensors. International Journal of Remote Sensing, 25 (23): 5267-5281.

Llewellyn-Jones D T, Minnett P J, Saunders R W, et al. 1984. Satellite multichannel infrared measurements of sea surface temperature of the northeast Atlantic Ocean using AVHRR/2. Quarterly Journal of the Royal Meteorological Society, 110: 613-631.

Lu J, Tang R L, Tang H J, et al. 2013. Derivation of daily evaporative fraction based on temporal variations in surface temperature, air temperature, and net radiation. Remote Sensing, 5: 5369-5396.

Lucht W, Louis P. 2000. Theoretical noise sensitivity of BRDF and albedo retrieval from EOS MODIS and MISR sensors with respect to angular sampling. International Journal of Remote Sensing, 21 (1): 81-98.

Matsunaga T. 1994. A temperature-emissivity separation method using an empirical relationship between the mean, the maximum, and the minimum of the thermal infrared emissivity spectrum. Journal of the Remote Sensing Society of Japan, 14 (2): 230-241.

May D A. 1993. Global and regional comparative performance of linear and nonlinear satellite multichannel sea surface temperature algorithms. Mississippi: Naval Research Laboratory, Stennis Space Center.

McClain E P, Pichel W G, Walton C C. 1985. Comparative performance of AVHRR-based multichannel sea surface temperatures. Journal of Geophysical Research, 90: 11587-11601.

McMillin L M. 1975. Estimation of sea surface temperatures from two infrared window measurements with different absorption. Journal of Geophysical Research, 80 (36): 5113-5117.

Nerry F, Alain M, Marc S. 2004. Multi temporal regression method for mid infrared [3-5microm] emissivity outdoor. Optics Express, 12 (26): 6574-6588.

Nerry F, Petitcolin F, Stoll M P. 1998. Bidirectional reflectivity in AVHRR channel 3: application to a region in North Africa. Remote Sensing of Environment, 66 (3): 298-316.

Niclòs R, Galve J M, Valiente J A, et al. 2011. Accuracy assessment of land surface temperature retrievals from MSG2-SEVIRI data. Remote Sensing of Environment, 115: 2126-2140.

Ottlé C, Vidal-Madjar D. 1992. Estimation of land surface temperature with NOAA9 data. Remote Sensing of Environment, 40 (1): 27-41.

Pandya M R, Shah D B, Trivedi H J, et al. 2014. Retrieval of land surface temperature from the Kalpana-1 VHRR data using a single-channel algorithm and its validation over western India. ISPRS Journal of Photogrammetry and Remote Sensing, 94: 160-168.

Peres L F, Dacamara C C. 2004. Land surface temperature and emissivity estimation based on the two-temperature method: Sensitivity analysis using simulated MSG/SEVIRI data. Remote Sensing of Environment, 91: (3-4): 377-389.

Peres L F, Dacamara C C, Trigo I F, et al. 2010. Synergistic use of the two-temperature and split-window methods for land-surface temperature retrieval. International Journal of Remote Sensing, 31 (16): 4387-4409.

Prabhakara C, Dalu G, Kunde V G. 1974. Estimation of sea surface temperature from remote sensing in the 11- to 13-μm window region. Journal of Geophysical Research, 79 (33): 5039-5044.

Prata A J. 1993. Land surface temperatures derived from the advanced very high resolution radiometer and the along-track scanning radiometer: 1. Theory. Journal of Geophysical Research-Atmospheres, 98 (D9): 16689-16702.

Prata A J, Platt M. 1991. Land surface temperature measurements from the AVHRR. Tromso: The 5th AVHRR data Users' Meeting.

Prata A J, Caselles V, Coll C, et al. 1995. Thermal remote sensing of land surface temperature from satellites: current status and future prospects. Remote Sensing Reviews, 12 (3): 175-224.

Price J C. 1983. Estimating surface temperatures from satellite thermal infrared data-A simple formulation for the atmospheric effect. Remote Sensing of Environment, 13 (4): 353-361.

Price J C. 1984. Land surface temperature measurements from the split window channels of the NOAA 7 advanced very high resolution radiometer. Journal of Geophysical Research-Atmospheres, 89 (D5): 7231-7237.

Price J C. 1985. On the analysis of thermal infrared imagery: The limited utility of apparent thermal inertia. Remote Sensing of Environment, 18: 59-73.

Price J C. 1990. The potential of remotely sensed thermal infrared data to infer surface soil moisture and evaporation. Water Resources Research, 16 (4): 787-795.

Qin Z, Karnieli A, Berliner P. 2001. A mono-window algorithm for retrieving land surface temperature from Landsat TM data and its application to the Israel-Egypt border region. International Journal of Remote Sensing, 22: 3719-3746.

Rossow W B, Garder L C. 1993. Validation of ISCCP cloud detections. Journal of Climate, 6 (12): 2370-2393.

Roujean J L, Leroy M, Deschamps P Y. 1992. A bidirectional reflectance model of the Earth's surface for the correction of remote sensing data. Journal of Geophysical Research, 97 (D18): 20455-20468.

Salisbury J W, Wald A, D'Aria D M. 1994. Thermal-infrared remote sensing and Kirchhoff's law: 1. Laboratory measurements. Journal of Geophysical Research: Solid Earth, 99 (B6): 11897-11911.

Sandholt I, Rasmussen K, Andersen J. 2002. A simple interpretation of the surface temperature/vegetation index space for assessment of surface moisture status. Remote Sensing of Environment, 79: 213-224.

Schädlich S, Göttsche F M, Olesen F S. 2001. Influence of land surface parameters and atmosphere on METEOSAT brightness temperatures and generation of land surface temperature maps by temporally and spatially interpolating atmospheric correction. Remote Sensing of Environment, 75 (1): 39-46.

Sobrino J A, Caselles V, Coll C. 1993. Theoretical split-window algorithms for determining the actual surface temperature. Il Nuovo Cimento C, 16 (3): 219-236.

Sobrino J A, El Kharraz M H. 1999. Combining afternoon and morning NOAA satellites for thermal inertia estimation: 2. Methodology and application. Journal of Geophysical Research, 104: 9455-9465.

Sobrino J A, Julien Y, Atitar M, et al. 2008. NOAA-AVHRR orbital drift correction from solar zenithal angle data. IEEE Transactions on Geoscience and Remote Sensing, 46 (12): 4014-4019.

Sobrino J A, Li Z L, Stoll M P, et al. 1994. Improvements in the split-window technique for land surface temperature determination. IEEE Transactions on Geoscience and Remote Sensing, 32 (2): 243-253.

Stisen S, Jensen K H, Sandholt I, et al. 2008. A remote sensing driven distributed hydrological model of the Senegal River basin. Journal of Hydrology, 354 (1-4): 131-148.

Sun D R, Pinker R T. 2003. Estimation of land surface temperature from a Geostationary Operational Environmental Satellite (GOES-8). Journal of Geophysical Research, 108: 4326.

Sun D R, Pinker R T. 2007. Retrieval of surface temperature from the MSG-SEVIRI observations: Part I. Methodology. International Journal of Remote Sensing, 28: 5255-5272.

Sun D R, Pinker T, Basara J B. 2004. Land Surface Temperature Estimation from the Next Generation of Geostationary Operational Environmental Satellites: GOES M-Q. Journal of Applied Meteorology, 43: 363-372.

Sun D, Kafatos M, Pinker R T, et al. 2006. Seasonal variations in diurnal temperature range from satellites and surface observations. IEEE Transactions on Geoscience and Remote Sensing, 44: 2779-2785.

Tang B H, Bi Y Y, Li Z L, et al. 2008. Generalized split-window algorithm for estimate of land surface temperature from Chinese geostationary FengYun Meteorological Satellite (FY-2C) data. Sensors, 8 (2): 933-951.

Tang R L, Li Z L, Tang B H. 2010. An application of the Ts-VI triangle method with enhanced edges determination for evapotranspiration estimation from MODIS data in arid and semi-arid regions: Implementation and validation. Remote Sensing of Environment, 114 (3): 540-551.

Teillet P M, Barker J L, Markham B, et al. 2001. Radiometric cross-calibration of the Landsat-7 ETM+ and Landsat-5 TM sensors based on tandem data sets. Remote Sensing of Environment, 78 (1): 39-54.

Townshend J R G, Justice C O, Skole D, et al. 1994. The 1km resolution global data set: needs of the International Geosphere Biosphere Programme. International Journal of Remote Sensing, 15 (17): 3417-3441.

Trigo I F, Monteiro I T, Olesen F, et al. 2008. An assessment of remotely sensed land surface temperature. Journal of Geophysical Research-Atmospheres, 113 (D17): D17108.

Ulivieri C, Cannizzaro G. 1985. Land surface temperature retrievals from satellite measurements. Acta Astronautica, 12 (12): 977-985.

Ulivieri C, Castronouvo M M, Francioni R, et al. 1992. A split window algorithm for estimating land surface temperature from satellites. Advances in Space Research, 14: 59-65.

van den Bergh F, van Wyk M A, van Wyk B J. 2006. Comparison of data-driven and model-driven approaches to brightness temperature diurnal cycle interpolation. Parys: 17th Annual Symposium of the Pattern Recognition Association of South Africa.

Vermote E F, Saleous N Z. 2006. Calibration of NOAA16 AVHRR over a desert site using MODIS data. Remote Sensing of Environment, 105 (3): 214-220.

Vidal A. 1991. Atmospheric and emissivity correction of land surface temperature measured from satellite using ground measurements or satellite data. International Journal of Remote Sensing, 12 (12): 2449-2460.

Wan Z M. 1999. MODIS land-surface temperature algorithm theoretical basis document (LST ATBD). Maryland: Goddard Space Flight Center.

Wan Z M, Dozier J. 1996. A generalized split-window algorithm for retrieving land-surface temperature from space. IEEE Transactions on Geoscience and Remote Sensing, 34 (4): 892-905.

Wan Z M, Li Z L. 1997. A physics-based algorithm for retrieving land-surface emissivity and temperature from EOS/MODIS data. IEEE Transactions on Geoscience and Remote Sensing, 35 (4): 980-996.

Wan Z M, Wang P, Li X. 2004. Using MODIS land surface temperature and normalized difference vegetation index products for monitoring drought in the southern Great Plains, USA. International Journal of Remote Sensing, 25: 61-72.

Wang K, Li Z L, Cribb M. 2006. Estimation of evaporative fraction from a combination of day and night land surface temperatures and NDVI: A new method to determine the Priestley-Taylor parameter. Remote Sensing of Environment, 102: 293-305.

Watson K. 1992. Two-temperature method for measuring emissivity. Remote Sensing of Environment, 42: 117-121.

Wetzel P J, Atlas D, Woodward R H. 1984. Determining soil moisture from geosynchronous satellite infrared data: A feasibility study. Journal of Climate and Applied Meteorology, 23: 375-391.

Xue Y, Cracknell A P. 1995. Advanced thermal inertia modelling. International Journal of Remote Sensing, 16: 431-446.

Yu Y, Privette J P, Pinheiro A C. 2008. Evaluation of split window land surface temperature algorithms for generating climate data records. IEEE Transactions on Geoscience and Remote Sensing, 46 (1): 179-192.

Zhao W, Li Z L. 2013. Sensitivity study of soil moisture on the temporal evolution of surface temperature over bare surfaces. International Journal of Remote Sensing, 34: 3314-3331.

Zhao W, Labed J, Zhang X, et al. 2010. Surface soil moisture estimation from SEVIRI data onboard MSG satellite. Honolulu: 2010 IEEE International Geoscience and Remote Sensing Symposium.

Zhao W, Li Z L, Wu H, et al. 2013. Determination of bare surface soil moisture from combined temporal evolution of land surface temperature and net surface shortwave radiation. Hydrological Processes, 27: 2825-2833.